Günther Krause

DAS EWIGE LICHT

DER BEGINN EINES NEUEN ZEITALTERS

Günther Krause

DAS EWIGE LICHT

DER BEGINN EINES NEUEN ZEITALTERS

weltbuch

Danke

Das Thema der Umwandlung von Strahlung in Elektroenergie durch die Neutrinovoltaik® stellt den Beginn einer neuen Epoche der Energieproduktion dar, denn Ökonomie und Ökologie haben die Chance, eine Einheit zu bilden.

Besonders möchte ich dem Weltbuch Verlag, insbesondere Herrn Dirk Kohl, den Mitarbeitern sowie seiner Familie danken, die mich nach besten Kräften unterstützt haben.

Hoffen wir gemeinsam, dass das „ewige Licht" der Menschheit und dem Planeten eine lange Zukunft sichert.

Günther Krause
im Juni 2020

Prof. Günther Krause (li.) und Verleger Dirk Kohl bei der Endkontrolle des hier vorliegenden Buches

Dieses Buch entstand mit freundlicher Unterstützung und Förderung der
Neutrino Deutschland GmbH, Berlin
www.neutrino-energy.com

1. Auflage, 2020

Weltbuch Verlag GmbH
Schweiz/Deutschland

ISBN 978-3-906212-56-2

ISBN 978-3-906212-56-2

Buchsatz, Design, Titelgestaltung:
Dirk Kohl, Annalena Kohl, Dresden/Deutschland
Korrektorat: Marianne Jahnke, Chemnitz/Deutschland
Druck und Bindung: CPI books GmbH, Leck/Deutschland, www.cpi-print.de

Inhaltsverzeichnis

Vorbemerkungen *13*

Waldsterben und Katalysator *16*
Das Ozonloch *19*
Das weltweite Interesse an Technologien zur Energiegewinnung aus natürlicher und künstlicher Strahlung *23*

1. Die Diskussion zum Klima und Wetter *25*

Neutrinos im Universum *26*
Klimageschichte *30*
Kraftwerke *32*
Photovoltaikanlagen *34*
Windkraftanlagen *36*
Versorgungsstabilität *38*
Energiepreisentwicklung in Deutschland *41*
Strompreise in der EU und der Eurozone *43*
Neutrinovoltaik® *46*
Die Neutrino Deutschland GmbH *49*
Anwendungstechnologie *50*

2. Die heterogene Struktur der Energieversorgung *56*

Energieerzeugung von Strom an Beispielen *58*
Graphen und Neutrinos *65*

2.1. CO_2-arme oder -freie Energieproduktion am Beispiel von Norwegen und Frankreich *67*

2.2. Die Situation in Deutschland *70*

AdBlue-Technologie *72*
Pyrolyse *76*
Erneuerbares Energien-Vorranggesetz *80*

2.3. Auswertung der Situation *82*

3. Die Neutrinovoltaik®-Technologie – Utopie oder Zukunft *83*

Geisterteilchen – die Neutrinos *84*
Ingenieurgemäße Denk- und Arbeitsweise *86*
Kleine und große Massen *89*
A4-Folie, beschichtet *91*
Module oder CUBE´s *93*

3.1. Die Neutrinos besitzen eine Masse *95*

Prof. Dr. Arthur McDonald *96*
Interaktion *98*
Detektor Uni Chicago *99*

3.2. Die notarielle Bestätigung der Energieproduktion nach Patent *100*

Generator *102*
Schichtung der metallischen Träger *105*

3.3. Beschreibung der Funktionsweise der Folien im notariell bestätigten Versuch *107*
Die Neutrino®-Unternehmen und die Energiebegründung vom März 2015 *109*
Metastoffe *114*
Resonanz *118*

3.4. Die Folienbeschichtung – eine bisher unbekannte „Materie“? *122*

Metastoffe, Geometrie, Resonanzen *124*
Negation der Negation *126*

4. Die zukünftige Nutzung der Neutrinovoltaik® in einer homogenen Energieversorgung unseres Planeten *128*

4.1. Der Schritt zur Automatisierung der Folienbeschichtung – die vorindustrielle Lösung *132*

Der erste programmierbare Computer *136*
Paket *139*
Automatisierung der Beschichtung, Packen, Versieglung (von Dipl. Kybernetiker Rainer Zenker) *141*

4.2. Der neue Handy-Standard *148*

4.3. Die dezentrale Hausversorgung *150*

4.4. Die Starkstromlösung in der Industrie am Beispiel der Pyrolyse 154
Pyrolyse von Altreifen (von Florian Herzog) 156

4.5. Die neue Elektromobilität mit kleinen Batterien und keine Ladestationen 160

Die π®-Technologie 164
Brückentechnologie und der Neutrino-Nachrüstsatz für E-Fahrzeuge „alter Prägung“ 166

4.6. Die kabellose Transponder-Netztechnologie mit 100 % Flächenabdeckung 169

Neutrino® smart network 170
Der Ultra-Breitband-Netzwerk-Transponder (von Dr. habil. Dr.-Ing. Lutz Rothe) 172

4.7. Das neue Konzept: im Verbraucher ist intern die Energieversorgung 179

5. Ausblick in das neue Zeitalter ohne Verbrennungsenergie und ohne Atomkraftwerke 182

5.1. Die Neutrinovoltaik® – die Lösung für die Energieprobleme und die Klimastabilisierung 184

5.2. Die individuelle Energieversorgung – frei von Ideologie und Mobilität *187*

5.3. Ausblick *190*

6. Prof. Dr. Ing. Konstantin Meyl: Ein Kämpfer und Pionier für neue Energielösungen *191*

7. Anlagen *193*

7.1. Notarurkunde vom 19. September 2018, vom Berliner Notar Martin Wörle erstellt *193*

7.2. Anmeldung des Patentes Nr. WO2016142056 vom 7. März 2016 *199*

7.3. Verzeichnis des wissenschaftlichen Beirates *215*

8. Stichwortverzeichnis *219*

Unser Angebot für Sie als Käufer dieses Buches *223*

Buchtipps zu Wissenschaft und Bildung *224*

Vorbemerkungen

In den öffentlichen Diskussionen werden die Forderungen vor allem durch die junge Generation immer lauter, sofort und unverzüglich etwas gegen den „Klimawandel“ zu unternehmen. Dieses Buch hat nicht das Format einer exakt dargestellten, wissenschaftlichen Abhandlung zum Klimawandel im Allgemeinen, sondern soll vielmehr dem interessierten Bürger Anregungen geben, wie mit dem natürlichen Vorrat an Strahlungen und den durch Menschen erzeugten künstlichen Strahlungen Lösungen zu entwickeln sind, die im Bereich der Energieerzeugung schrittweise sich verabschieden von einem mehrstufigen Produktionsprozess zur Herstellung von Elektroenergie hin zu einem Prozess der Umwandlung von Strahlungen in permanent verfügbaren Strom.

Dabei ist das Ziel, durch Reduzierung des CO_2-Anteiles deutlich die Konzentration von CO_2 vor allem in den oberen Luftschichten schrittweise zu reduzieren, um so die Wärmeabstrahlung unseres Planeten deutlich zu erhöhen und damit die Temperaturen wieder über einen längeren Zeitraum angemessen und schrittweise zu senken! Dabei darf nicht außer Acht gelassen werden, dass der Verfasser nicht von dem „Klimawandel“ sprechen will, sondern der Stabilisierung der natürlichen Gegebenheiten durch überlegtes Handeln einerseits zur Sicherung des Energiebedarfes und andererseits zur Erhaltung der eigentlich gegebenen Umwelt in den jeweiligen bisherigen Klimazonen. Im Rahmen einer hochentwickelten menschlichen Lebensweise muss eine Einheit von Natur und Wirtschaft gestaltet werden, wobei die Fragen zur Energieerzeugung dann maßgebend sind.

Den überaus größten Anteil an der CO_2-Produktion liefern zur Zeit die USA, China und Indien mit mehr als 70 % bzw. weniger als 85 % weltweit; es existieren unterschiedliche Statistiken und diverse Messmethoden. Deutschland ist die Nummer 6 mit ca. 2 %, aber als Exportnation werden von ihr viele Produkte verkauft, ohne dass den Käufern die CO_2-Anteile „mit übertragen" werden. Eine fragwürdige Statistik! Es gibt kein nationales CO_2, sondern CO_2 ist weltweit verfügbar ohne Nationenkennung.

Dabei darf nicht die Atomenergie und deren Risiken für unseren Planeten vernachlässigt werden. Vielmehr liegt es dem Verfasser am Herzen, im 21. Jahrhundert bis ca. 2050 die Wende in der Energiepolitik organisiert zu haben und zwar – auch durch dieses Buch – in einer Bewusstseinsänderung hin zur Nutzung kosmischer und künstlicher Strahlung in den normalen Abläufen unserer Lebensgestaltung.

Nicht Energie zu produzieren ist die neue, ingenieurgemäße Denk- und Arbeitsweise, sondern einen Teil des riesigen Strahlungsvorrates in Energie umzuwandeln ist der neue Ansatz der Einheit von Ökonomie und Ökologie.

In diesem Buch wird bewusst auf umfangreiche Zitate, Veröffentlichungen und die Diskussion umfangreicher wissenschaftlicher Hintergründe verzichtet. Drei Abschriften sind ausgenommen: eine Notarurkunde als Beweisführung einer neuartigen, erneuerbaren, kontinuierlich zur Verfügung stehenden kosmischen Strahlung zur Energiegewinnung sowie die Anmeldung eines Patentes aus dem Jahr 2016 zu diesem Thema und die Liste des wissenschaftlichen Beirates.

Das Ziel ist also, Ihnen nicht nur Forderungen zum „Klimawandel" zu nennen, sondern eine Vision einer Ergänzung der heutigen erneuerbaren Energien zu geben, um weltweit schrittweise den Wandel in der Energieproduktion zu erreichen – ohne „sozialistische" Vorgaben von Lebens- und Verhaltensmustern und ohne Einschränkungen der individuellen Vorstellungen des Einzelnen. Innovation ist gefragt, keine Ideologie, Propaganda oder sogar Hysterie und Untergangsstimmung. Nach wie vor bietet unser Planet eine gute Voraussetzung für menschliches Leben und Optimismus muss der Antrieb neuer Entwicklungen sein mit einem nachhaltigen Motiv: ***Das Leben ist schön!***

Der Verfasser glaubt daran, dass das Weltklima stabilisiert werden kann. Zwei Beispiele seien kurz erwähnt, bei denen die deutsche Politik Vorreiter beim Kampf gegen:

- das ***Waldsterben*** durch den sauren Regen
- die Ausbreitung des ***Ozonlochs***

war.

Waldsterben und Katalysator

Der saure Wald der 80er Jahre wurde nicht durch Kraftstoffverteuerung korrigiert, sondern durch Politikvorgabe zur Katalysatorentechnologie , die sehr erfolgreich war und die sich danach weltweit durchsetzte!

Der Wald – auch bei uns in Deutschland – ist ein Garant dafür, dass Signale abgegeben werden, die auf Umweltprobleme hinweisen. Dabei sind die Vorstellungen zur Luftreinhaltung und eines sich entwickelnden Umweltbewusstseins ein immer währender Prozess, der in den 80er Jahren andere Ursachen zumeist hatte als das heutige Problem der Trockenheit. Waren es in der Zeit Anfang der 80er Jahre noch die Schlagzeilen „Der Wald stirbt“, wurden in Medien großzügig Entwicklungen vorausgesagt, die zur Rückentwicklung zu waldlosen bzw. baumlosen Landschaften in den Gebirgen und Parks der Städte führen.

Es stellte sich aber heraus, dass zu unüberlegt massenhaft Schwefelwasserstoffe aus Industrie, Verkehr, Haushalten, Landwirtschaft usw. in die Luft abgelassen wurden.

Die Politik wurde vor allem durch die Grünen gedrängt den Verkehr unter die Lupe zu nehmen.

Die Lösung hieß:

1. *Filteranlagen für die Industrie*
2. *Neue Heizungsanlagen für Haushalte*
3. *Katalysatoren und bleifreies Benzin für die Benzin-Fahrzeuge*

So sahen große Teile der europäischen Wälder in Zeiten des „sauren Regens“ aus. Dies ist zum Glück Vergangenheit. (Quelle: Oben+Mitte: Wikipedia CC 3.0, @ High Contrast)

Durch die Entwicklung des Katalysators wurde eine Wende in der Abgasbehandlung eingeleitet. Der sogenannte Fahrzeugkatalysator (umgangssprachlich KAT genannt) wurde bereits in den 1950er Jahren in den USA entwickelt. Aber – wie so oft – war die Idee ihrer Zeit weit voraus.

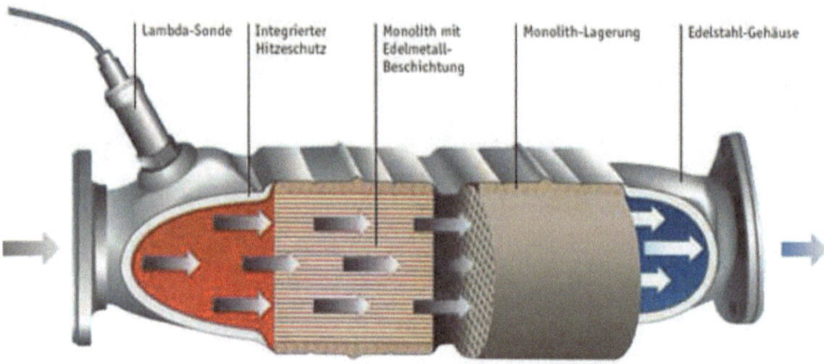

(Quelle: www.ernst-hagen.de/de/produkte/katalysatoren)

(Quelle: Wikipedia CC 4.0, @ Michael KR)

Heute wird häufig der Drei-Wege-Katalysator eingebaut. In Deutschland wurde in der beginnenden Regierungszeit des Kanzlers Dr. Helmut Kohl für 1985 der Katalysator verbindlich per Gesetz vorgeschrieben. Die Europäische Union konnte dann – auch auf Basis der Umwelterfolge in Deutschland – 1993 eine KAT-Pflicht für alle Neuwagen mit Otto-Motor erlassen. Im Ergebnis kann festgestellt werden, dass nach ca. 15 - 20 Jahren die Luftverschmutzung vor allem durch den Einsatz von Katalysatoren deutlich reduziert wurde und der Wald schrittweise sich erholen konnte.

Das Ozonloch

Das Ozonloch wurde bekämpft, indem die Politik Innovationen gefördert hat, um FCKW zu ersetzen durch ökologisch-ökonomische Lösungen - erfolgreich deshalb, weil weltweit!

Erste Hinweise auf eine Schwächung der Ozonschicht über der Antarktis gab es bereits Mitte der 1950er Jahre. Bereits 1974 war durch Physiker die Welt vor der Anreicherung des nur sehr schwer abbaubaren FCKW in der Atmosphäre gewarnt worden, welches durchaus zur Abnahme der Ozonkonzentration führen würde und wodurch sich durchaus ein ganzjähriges Problem entwickeln könnte.

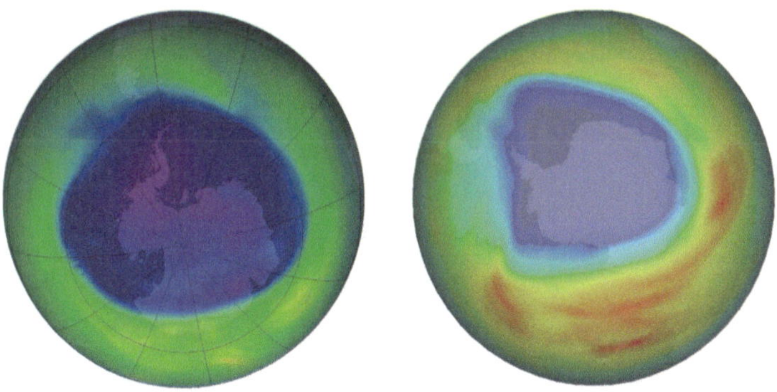

Links: *Ozonloch (2005): Fluorchlorkohlenwasserstoffe (FCKW) und andere chemische Substanzen verursachten jedes Jahr ein Ozonloch über der Antarktis in etwa 20 Kilometer Höhe, sodass schädliche UV-Strahlung der Sonne verstärkt den Boden erreichen kann. Vermutlich erkrankten dadurch viele Menschen zusätzlich an Hautkrebs. Auch über der Nordhalbkugel dünnte die Ozonschicht aus. (©NASA) –* ***Rechts:*** *Erfolg im Kampf gegen das Ozonloch (2008): Forscher haben jetzt erstmals die Wirksamkeit des FCKW-Verbots bewiesen. Die Vereinten Nationen hatten im Montrealer Protokoll 1987 die Herstellung und Verwendung von FCKW und anderen Substanzen verboten. (© A3366 esa KNMI)*

Das auftretende Phänomen ereignete sich seit Beginn der 1980er Jahre so, dass nach kurzer Zeit des Sonnenaufganges in der Antarktis die Ozonkonzentration einbrach, aber sich nach einer gewissen Zeit wieder erholte. Die Ursache ist ganz einfach: In den langen, kalten Polarnächten bilden sich auf den stratosphärischen Wolken Eiskristalle, die danach mit dem Ozon verdunsten und es abbauen. Die Entwicklung nahm eine Eigendynamik an, die von wenigen Prozent anfänglich zu mehr als 50 % der gesamten Fläche sich entwickelte. Betroffen war der sogenannte Polarwirbel mit einer Fläche von mehreren Millionen Quadratkilometern (siehe Abbildung).

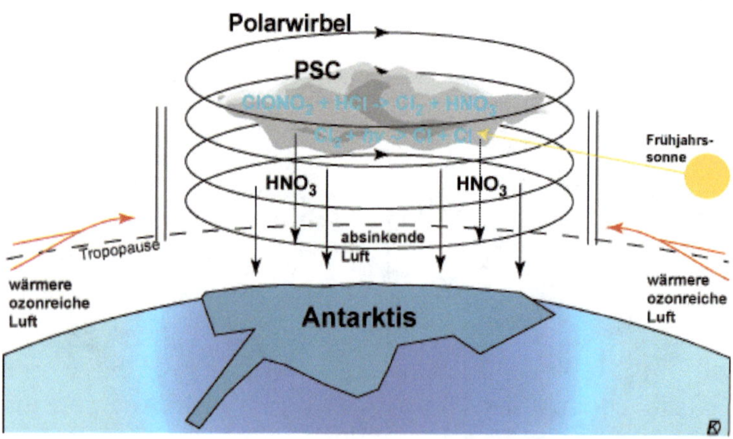

Antarktischer Polarwirbel und polare Stratosphärenwolken (PSC) sind die Grundlage der stratosphärischen Ozonchemie, die zu Entstehung eines Ozonlochs führt. (Quelle: Diere Kasang)

Die wissenschaftlichen Beweise waren erdrückend und bewiesen, dass vor allem das Treibgas FCKW der hauptsachliche Verursacher dieser Entwicklung war.

FCKW-Produktion in Deutschland 1989 - 1995

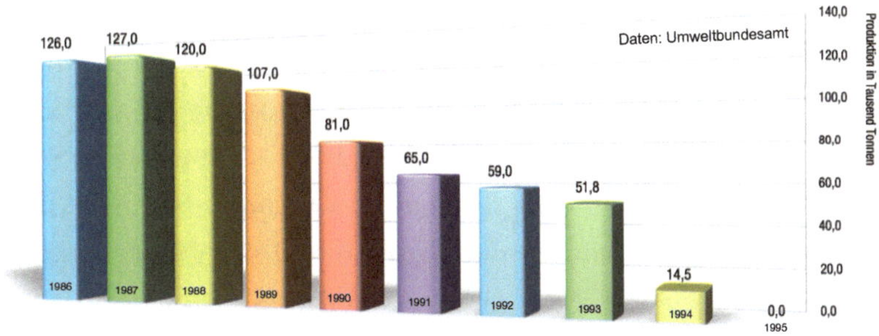

Dieses Themas nimmt sich die Politik an und unter der Organisation des US-Präsidenten Ronald Reagan, der britischen Premierministerin Margret Thatcher sowie des deutschen Bundeskanzlers Dr. Helmut Kohl als auch des sowjetischen Präsidenten Michail Gorbatschow wird eine Internationale Konferenz einberufen und damit das Ende der FCKW-Produktion sowie anderer Schadstoffe eingeleitet. Die Umkehrung dieses Ozonloch-Trends wurde erstmals 2012 in internationalen Studien bewiesen und der Beginn der Heilung des Problems durch gemeinsames Handeln sichergestellt.

Wir müssen lernen, die Gesetzmäßigkeiten mit den neuesten Techniken und Technologien so zu kombinieren, dass angeblich nicht denkbare Lösungen im Energiebereich entstehen durch die Wandlung von Strahlungsenergie in Wärme, Kälte, Strom!

Die beiden Beispiele zeigen, wie einerseits durch Innovation und andererseits durch abgestimmtes gemeinsames Handeln auf technisch-technologischem Gebiet Probleme gelöst werden können, die sehr große Verunsicherung mit sich gebracht haben.

Die Einheit von Ökonomie und Ökologie kann nur hergestellt werden, wenn wir die Kraft haben, international abgestimmt als Basis unserer Energieproduktion schrittweise die Strahlungsenergie zu nutzen, um so aktiv und ohne Restriktion in der Wirtschaftsentwicklung den CO_2-Überschuss zu reduzieren. Die Natur wird sich erholen und neue Energiekonzepte, die frei sind von Schadstoffen, helfen den Planeten zu begrünen und wieder zu gesunden.

Das wird den Planeten nicht nur schützen helfen, sondern vor allem stabilisieren! Und die nächsten Generationen werden es uns danken. Das ewige Licht führt zu einer Zeitenwende.

Das weltweite Interesse an Technologien zur Energiegewinnung aus natürlicher und künstlicher Strahlung

Die internationale Arbeit an der Nutzung der kosmischen Strahlung wird von Herrn Holger Thorsten Schubart seit vielen Jahren organisiert und begleitet. Sehr prominente Politiker haben sich in den letzten Jahren zu diesem Thema bekannt. Unter anderem fanden gemeinsame Gespräche mit dem ehemaligen Präsidenten der Sowjetunion, Michael Gorbatschow (re.), statt, ein Beweis für das weltweite Interesse, insbesondere durch Russland.

Der Autor möchte sich bei allen Unterstützern bedanken, denn ein Buch zu einer „neuen“ Zukunft zu schreiben kennt immer auch eine stille Mitwirkung. Wir haben die Hoffnung, dass das Interesse an einer neuen Denk- und Arbeitsweise mit Hilfe dieses Buches sich zukünftig weiter Diskussionen lässt.

Prof. Dr.-Ing., Dr. sc. techn. Günther Krause (li.) mit dem CEO der Neutrino Deutschland GmbH, Holger Thorsten Schubart

1. Die Diskussion zum Klima und Wetter

Der überwiegende Teil der verantwortlichen Politiker weltweit ist der Auffassung, dass die extremen Wetterlagen und die permanenten Steigerungen der Temperaturen sowie des Wasserstandes der Weltmeere auf klimatische Veränderungen zurückzuführen sind. Eine Minderheit sieht das anders! Insofern gilt es mehr rational die gesamte Diskussion zu führen und ideologisch definierte, emotionale Ausflüchte und Begründungen von der einen wie der anderen Seite zu versachlichen.

Die Einordnung der Industrialisierung und damit der stetige Anstieg an CO_2 in der Atmosphäre unseres Planeten Erde ist also vom Zusammenhang her eine Mehrheitsmeinung. Aber die Frage, wie in unserem ***Universum*** der Einfluss auf unser Sonnensystem und damit die weitere Entwicklung auf unserem Planeten einen Wandel des Klimas hervorruft, ist noch mit vielen Fragen behaftet; eigentlich deutlich mehr Fragen als Antworten. Aber für die Reduzierung des CO_2 ist deshalb innovatives Denken und Handeln gefragt unter der Berücksichtigung der Tatsachen, wie der Planet sich entwickelt hat!

Notwendig ist es zu begreifen, wie sich das Universum und letztlich auch unser Planet entwickelt haben könnte. Nach jüngeren Erkenntnissen scheinen in den Entwicklungsprozessen die Neutrinos sowie viele andere Teilchen eine wichtige Rolle gespielt zu haben.

Neutrinos im Universum

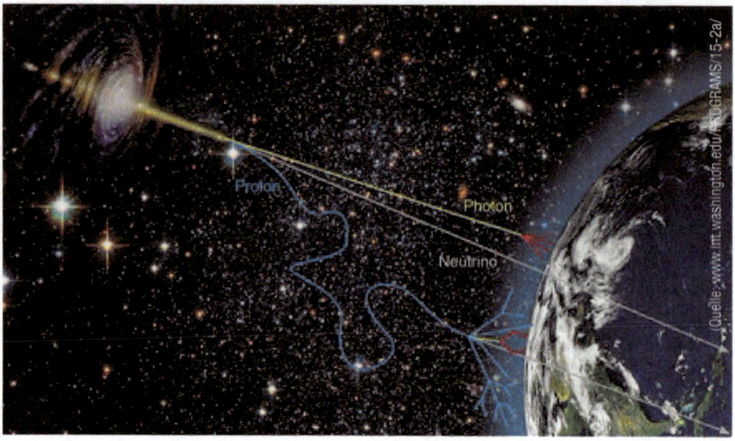

Das Universum wird auch als Kosmos oder Weltall bezeichnet. Es wird darunter die Gesamtheit von

- *Raum,*
- *Zeit,*
- *Materie und Energie*

zusammengefasst.

Zu unterscheiden von dieser Gesamtheit ist das **beobachtbare Universum**, *welches sich beschränkt auf die vorgefundene Materie und Energie, also beginnend bei den elementaren Teilchen, aber auch den großräumigen Strukturen, die wir von der Erde aus sehen.*

Die Kosmologie als Teilgebiet der Physik, aber auch interdisziplinär verbunden mit der Philosophie und anderen Naturwissenschaften, versucht ständig diese vielen Fragen der Phäno-

mene als „Ganzheit“ zu erklären und schrittweise aufzulösen. Alle Fragen im Detail sollten aber in entsprechenden Veröffentlichungen nachgelesen werden.

Neutrinos als elektrisch neutrale Elementarteilchen spielen dabei – trotz der relativ geringen Masse – eine große Rolle in der Aufklärung der Fragestellungen zur gesamten Gestaltung, des Aufbaus und der Entwicklungen im Universum.

Neutrinos sind „Sonderlinge“ oder „Geisterteilchen“ in der Wechselwirkung zur Materie auf unserem Planeten. Ein Neutrinostrahl kann grundsätzlich die Materie der Erde durchdringen, aber es auch nicht schaffen beim „Durchfliegen“ der Erde.

So können wir zum Beispiel folgende Gruppen von Neutrinos nach deren Entstehungsorten trennen:

1. *Kosmische Neutrinos (Weltall)*
2. *Solare Neutrinos (Sonne)*
3. *Atmosphärische Neutrinos (Erdatmosphäre)*
4. *Geoneutrinos (Erdinneres)*
5. *Reaktorneutrinos (Kernreaktoren)*
6. *Neutrinos aus Beschleunigerexperimenten*

Punkte 1 - 4 sind natürliche, Punkte 5 und 6 künstliche Neutrinos.

Um über Klimawandel zu sprechen, muss die Geschichte des Planteten ernsthafter diskutiert werden, denn der Klimawandel an sich scheint seine Ursachen eher in Wechsel-

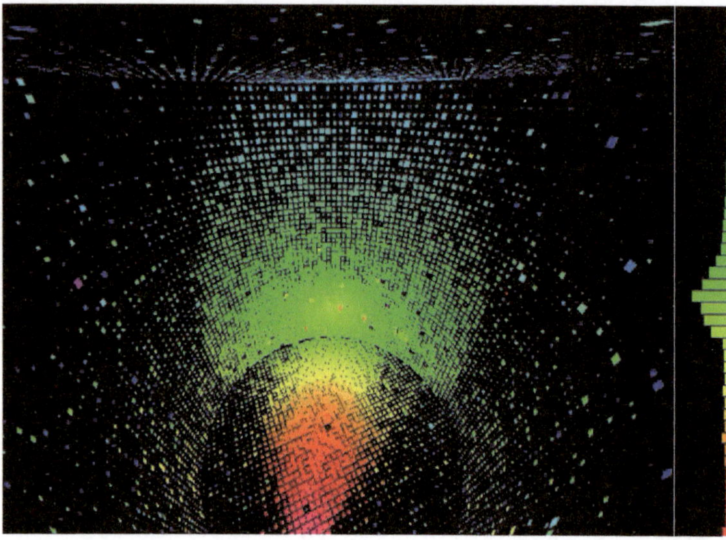

Signalmuster eines Neutrinos im Detektor Super-Kamiokande (Quelle: Tomasz Barszczak)

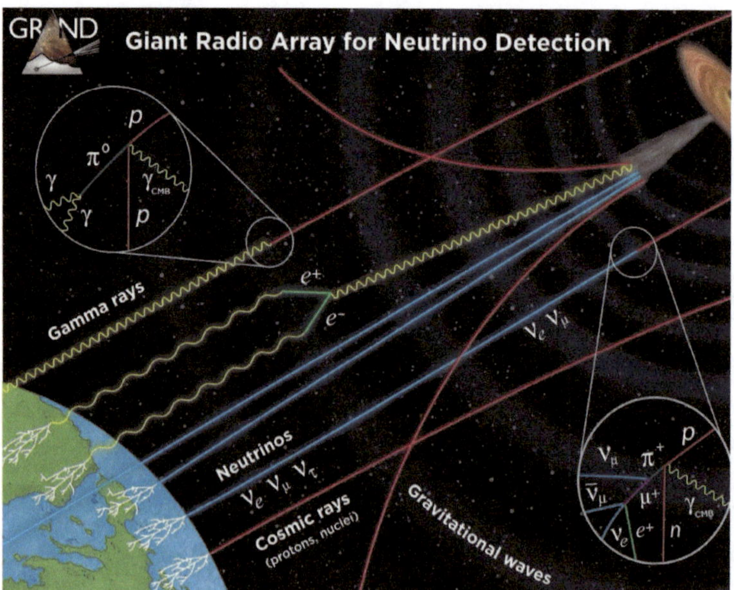

Erzeugung und Ausbreitung von ultrahochenergetischen Teilchen im Universum (Quelle: Science China Press)

wirkungen zwischen unserem Planeten und dem Universum – insbesondere in unserem Sonnensystem – zu haben.

Interessant wird es doch, wenn man sich die Forschungsgeschichte zum Klimawandel ansieht. Seit 1781, also nur etwa 240 Jahre lang ist bisher versucht wurden, die Geschichte des Klimas professionell und systematisch zu erfassen bzw. zu analysieren. Es überrascht nicht, dass dabei die letzten über zweihundert Jahre – das Industriezeitalter – eine bedeutende Rolle einnehmen.

Vergleicht man die Forschungen zum Klima und seiner Geschichte vom zeitlichen Ablauf her mit den Naturwissenschaften, der Mathematik, Medizin, Philosophie u.s.w. so wird deutlich, dass die Klimageschichte sehr jung ist und man insgesamt noch viele Jahre wissenschaftlich tätig sein muss, um wirkliche Gesetzmäßigkeiten und Grundlagenkenntnisse zu erarbeiten.

Klimageschichte

Die Meilensteine der Klimawissenschaften sind durch unterschiedliche Hypothesen und einige Theorien gekennzeichnet. Dabei werden einerseits komplexe Fragen in Wechselbeziehungen unseres Planeten zum Universum diskutiert, aber andererseits die industriellen Wirkungen vor allem der CO_2-Produktion in der Atmosphäre in den Mittelpunkt gestellt.

Mehrheitlich geht man davon aus, dass die Anreicherung in diesen Luftschichten vor allem von CO_2 der Grund ist, dass die Wärmeabstrahlung zum Weltall sich verringert hat und somit die Temperaturerhöhung auf unserem Planeten erklärt werden konnte. Letztlich bleibt die Frage, wie die Energie für die menschlichen und industriellen Bedürfnisse weiter zur Verfügung gestellt werden kann. In der nachfolgenden Abbildung sind einige Zusammenhänge dargestellt und wurde der Versuch unternommen, einen Überblick zur künstlichen und natürlichen Veränderung der Temperaturen darzustellen.

Der natürliche Energievorrat wird bei der Erforschung des Universums zunehmend kleinsten Teilchen zugeordnet, die sich auf unserem Planeten permanent befinden und kontinuierlich uns auch als Menschen (wie alle Materie) durchqueren. Muss nicht endlich ernsthafter darüber diskutiert werden, wie der natürliche und von uns erzeugte künstliche Strahlungsvorrat genutzt wird als zusätzliche Grundlage zur Energieversorgung auf unserem Planeten?

Eigentlich ist die Zeit überfällig, um diese Fragen durch Innovationen vor allem von Ingenieuren zu lösen, indem

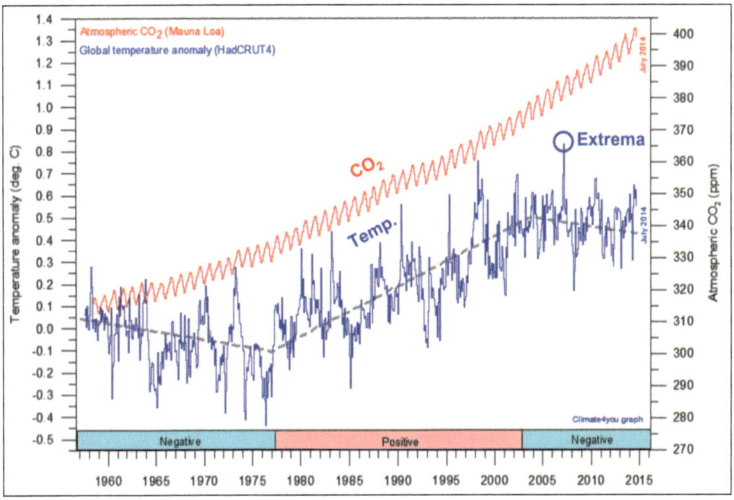

Klimageschichte von 1960 - 2015

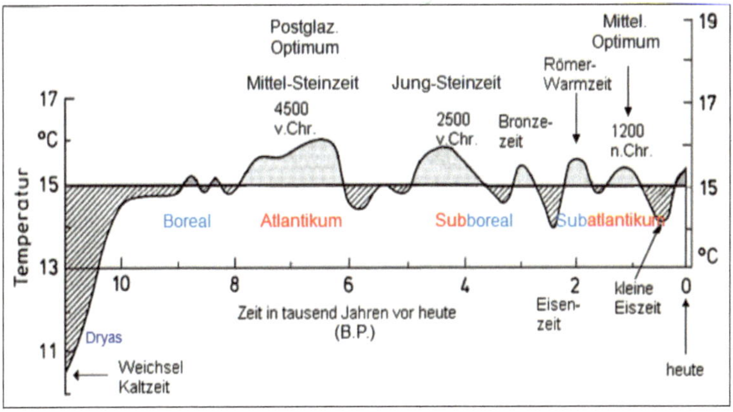

Klimageschichte der letzten 11.000 Jahre

neue Denk- und Arbeitsweisen in die technisch-technologischen Entwicklungen eingeführt werden!

Die herkömmlichen Produktionsketten zur Herstellung von elektrischem Strom sind für das weitere Verständnis kurz systematisiert dargestellt.

Kraftwerke

In Kraftwerken ist es erforderlich, mechanische Energie mittels Generatoren in elektrische Energie umzuwandeln. Die mechanische Energie wiederum kann aus unterschiedlichen Stoffen bzw. Technologien erzeugt werden:

Kraftwerke mit kinetischer Energieerzeugung

Wasserkraftwerk

Windkraftwerk

Kraftwerke mit thermischer Energieerzeugung

Kohlekraftwerk

Sonnenwärmekraftwerk

Geothermiekraftwerk

Gaskraftwerk

Ölkraftwerk

Biomassekraftwerk

Kernkraftwerk

Photovoltaikanlagen

Die Photovoltaikanlagen werden als PV-Anlagen oder Solargeneratoren bzw. Solarstromanlagen benannt. Es sind gewissermaßen auch Kraftwerke, obwohl keine beweglichen Teile vorhanden sind. In sogenannten Solarzellen wird ein Teil der Sonnenstrahlung direkt in elektrische Energie umgewandelt. Diese direkte Umwandlung ist die Photovoltaik. Aber auch auf solarthermischer Basis kann eine Energieproduktion über Produktionsketten in den Zwischenschritten „Wärmeenergie“ und „mechanische Energie“ erfolgen.

Die Energieerzeugung entsteht also durch die ***Umwandlung*** von Lichtstrahlung (Sonnenstrahlen) in Energie. Demzufolge ist diese Form der Energiegewinnung im gewissen Sinne Teil der Familie der Umwandlung von Strahlungsenergie in andere Energie (Strom, Wärme).

Die Photovoltaik ist eine besondere Entwicklung, die eigentlich mit der Bezeichnung „Kraftwerk“ nicht richtig definiert ist.

Es sind unterschiedlichste Solarzellen in den letzten 60 Jahren mit verschiedensten Parametern entwickelt wurden, so z.B. die poly- und monokristalline Solarzelle (Bild re. oben, Quelle: Wikipedia GNU Free DL @ Klaus Mueller).

Im Foto unten ist eine Solarpark-Anlage abgebildet wie sie an vielen Orten weltweit zum Einsatz kommt (Quelle: IBC Solar AG)

Windkraftanlagen

Obwohl die Windenergieanlagen auch in Form einer Produktionskette organisiert sind, können diese Beiträge leisten zur CO_2-freien Energieproduktion. Natürlich ist es ein Problem, dass bei der Herstellung der Anlagen erheblich CO_2 anfällt und es einige Jahre benötigt, bevor dann diese Anlagen in Summe des Herstellungsaufwandes und der Stromproduktion einen CO_2-Einsparungsvorteil erarbeiten.

Umgangssprachlich spricht man auch vom Windrad, weil ein Teil der Energie des Luftstromes umgewandelt wird in elektrische Energie. Die Produktion des Stromes ist begründet in den Produktionsketten, die schematisch in Form der Elemente dargestellt sind (siehe Abbildung). Durchgesetzt haben sich die dreiblättrigen Antriebsläufer mit horizontaler Achse und Rotor auf der „Luvseite“, dessen Maschinenhaus auf einem Turm montiert ist und der Windrichtung aktiv nachgeführt wird.

Natürlich könnten die heutigen erneuerbaren Energien eine Lösung sein, wenn diese bedarfsgerecht verfügbar wären. „Bedarfsgerecht“ heißt, dass der Kunde oder Nutzer der Elektroenergie immer seinen Bedarf decken kann. Das simple Beispiel einer wind- und sonnenfreien Lage kommt häufiger vor, als in „grünen" Diskussionsbeiträgen zugegeben wird. Eine zuverlässige und preiswerte Energieversorgung ist ein Teil moderner Sozialpolitik; wie der Strom in die Steckdose kommt, muss uns alle interessieren.

Von daher sind Systemlösungen zur mehrfachen Umwandlung von Strom in Speicher und bei Bedarf wieder zurück in Frage zu stellen, denn permanent wird der Wirkungsgrad schlechter und Energie geht verloren; die Verluste muss der Kunde oder Nutzer zahlen. In einem Industrieland mit einem hohen Stromverbrauch ist es dann nur eine Frage der Zeit, ab wann die Produktion des Stromes zu teuer wird.

Strom wurde im Jahr 2018 in Deutschland mit ca. 40 % anteilig durch Wind- und Sonnenenergie erzeugt. Ohne große Erläuterungen wird deutlich, dass die Versorgungslücken für den Strom durch neue Lösungen geschlossen werden müssen. Dabei spielen die Forderungen der Nutzer die wesentliche Rolle und nicht die „Verfügbarkeit" nach Wetterlage und Uhrzeit.

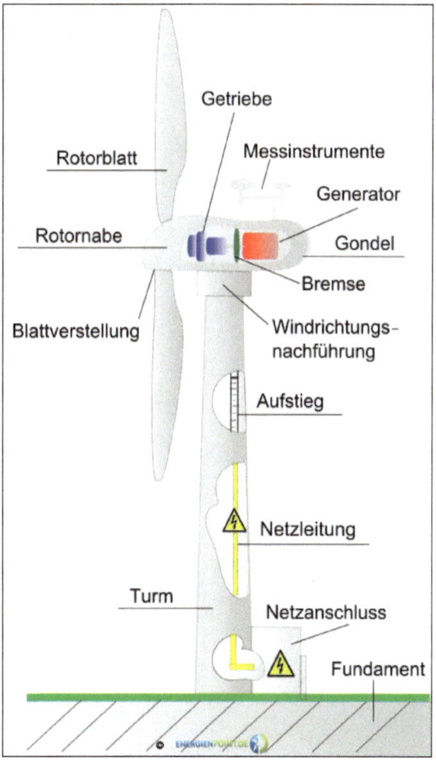

Versorgungsstabilität

Die sogenannte Grundlastenergie, aber auch die Energiespitzen werden in der Regel heute durch Kraftwerke mit fossilen Brennstoffen oder Atomkraftwerke abgedeckt. In Ländern mit einem bedeutenden Anteil von erneuerbaren Energien (wie in Deutschland) ist durch die Planung der Abschaffung der letzten Atomkraftwerke im Jahr 2022 sowie der Abschaltung der Kohlekraftwerke bis 2038 ein besonderer politischer Druck erzeugt wurden, der ohne neue Lösungen für die Grund- und Spitzenlast zu einer deutlichen Verschlechterung der Energieversorgung führen wird.

Die Entwicklung der Elektroenergieversorgung ist im sogenannten Strommix Deutschland dargestellt. Aus den Quellen der Arbeitsgemeinschaft Energiebilanzen wurden folgende prozentuale Anteile ermittelt und auf fast drei Jahrzehnte von 1990 - 2018 in den folgenden Säulendiagrammen dargestellt.

Grafik ansehen

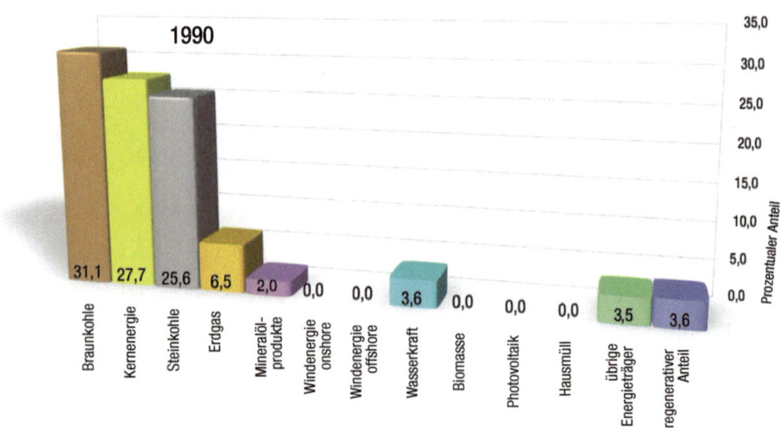

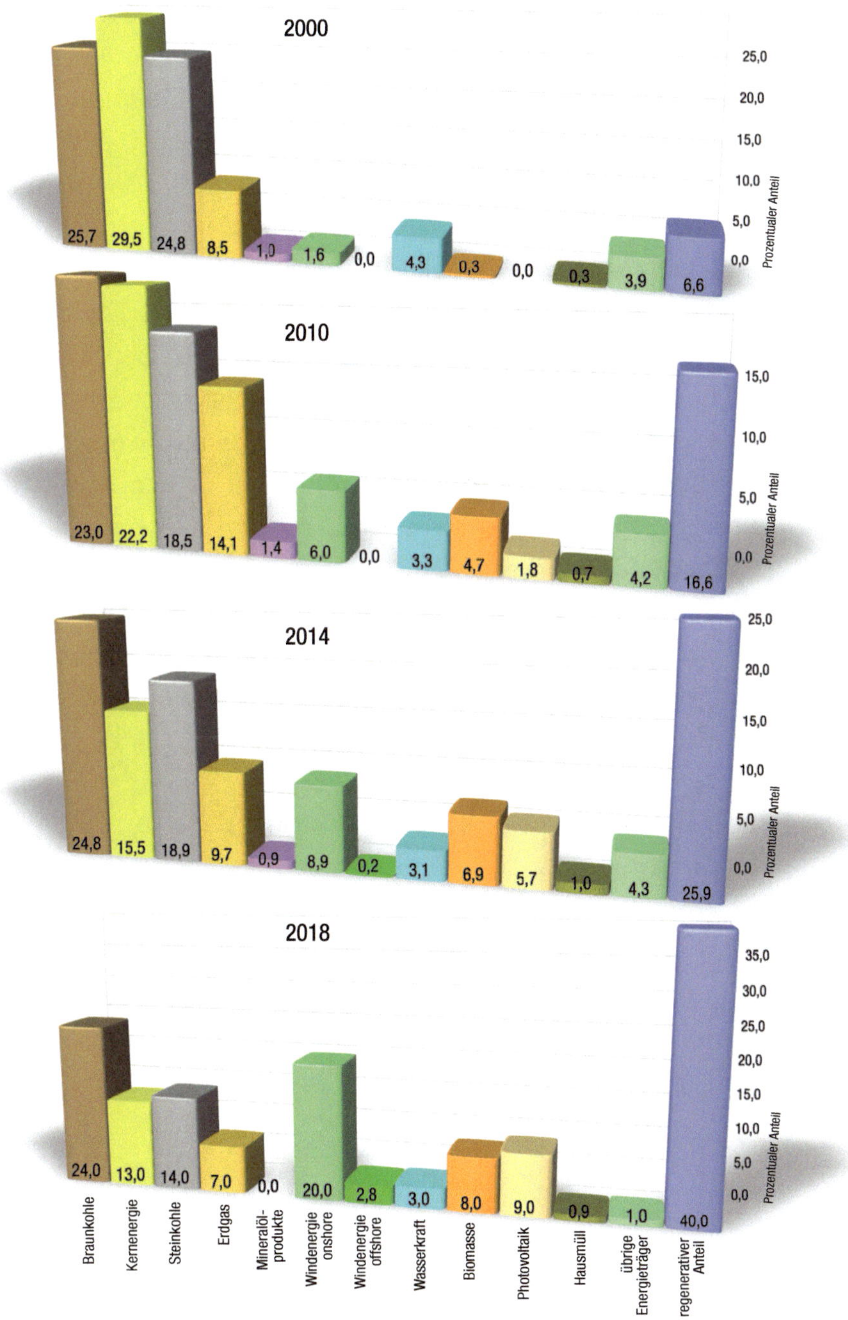
2000
25,7
29,5
24,8
8,5
1,0
1,6
0,0
4,3
0,3
0,0
0,3
3,9
6,6
2010
23,0
22,2
18,5
14,1
1,4
6,0
0,0
3,3
4,7
1,8
0,7
4,2
16,6
2014
24,8
15,5
18,9
9,7
0,9
8,9
0,2
3,1
6,9
5,7
1,0
4,3
25,9
2018
24,0
13,0
14,0
7,0
0,0
20,0
2,8
3,0
8,0
9,0
0,9
1,0
40,0
Prozentualer Anteil
Braunkohle
Kernenergie
Steinkohle
Erdgas
Mineralöl-produkte
Windenergie onshore
Windenergie offshore
Wasserkraft
Biomasse
Photovoltaik
Hausmüll
übrige Energieträger
regenerativer Anteil

Deutlich wird, dass im Jahr 2018 in Deutschland bereits anteilig 40 % regenerativer Energie Bestandteil des Strommixes waren und damit Grundlastenergien wie Kohle-, Atom- und Gasenergie reduziert wurden.

Es ist bemerkenswert, dass Grund- und Spitzenlast ein wesentlicher Faktor der Energieversorgung sein müssen. Die Vorstellung, aus heterogener und unstetig herstellbarer Energie nur diese für einen Speicher zu nutzen, die dann die „Energieversorgungsengpässe“ ausgleichen, ist abenteuerlich und industriestandortfeindlich. Auch das Problem der Energiepolitik als Sozialpolitik wird durch den Energiepreiswucher in einer Form für kleine und mittlere Einkommen zur Belastung, die für Viele nicht mehr dargestellt werden kann! Die Industrie kann nur durch Abwanderung sich wehren und die „kleinen Leute“ werden Einsparungszwängen ausgesetzt sein, die deren Lebenssituationen weiter verschlechtern.

Energiepreisentwicklung in Deutschland

Die wirkliche Entwicklung der Strompreise lässt sich in Deutschland nicht allgemein für alle Elektroenergienutzer einfach darstellen, denn es existieret eine Vielzahl von Ausnahmen, von politischen Einflüssen in die Subventionierung, von erzeugerabhängigen Sonderlösungen und dem Nutzer selbst.

Für einen 3-Personen-Haushalt hat der Bundesverband der Energie- und Wasserwirtschaft folgende Werte für einen durchschnittlichen Jahresverbrauch von 3500 KWh ermittelt, die in vier Grafiken auf der folgenden Seite 42 dargestellt sind.

Während im Jahr 1998 noch der Steuer-, Abgaben- und Umlagenanteil des Strompreises bei 25 %, also 4.28 Eurocent lag, war dieser Bestandteil im Jahr 2019 regelmäßig – bis auf wenige Ausnahmen – auf 53 % des Preises, also 16.13 Eurocent angestiegen. Die Abgaben- und Steuerlast hat sich auf das vierfache gesteigert und dadurch wurde der Strompreis gegenüber 1998 nahezu verdoppelt.

Es wird deutlich, dass die Belastung von Bevölkerung und Wirtschaft in Deutschland gravierend gestiegen ist und Ausnahmen für die energieintensiven Bereiche der Wirtschaft etabliert wurden. Doch Ausnahmen für die Wirtschaft (eigentlich Subventionen für die energieintensive Wirtschaft) werden durch die Bürger mitfinanziert. Diese Entwicklung kann langfristig alles andere als „gesund" sein und es wird deshalb notwendig, den Vergleich zu Wettbewerbern im internationalen Rahmen zu suchen.

Erzeugung, Transport, Vertrieb

Umsatzsteuer

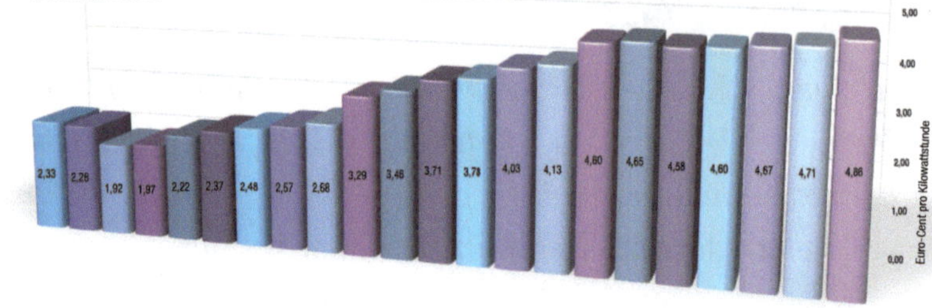

Strompreis Brutto

Anteil Steuern, Abgaben und Umlagen

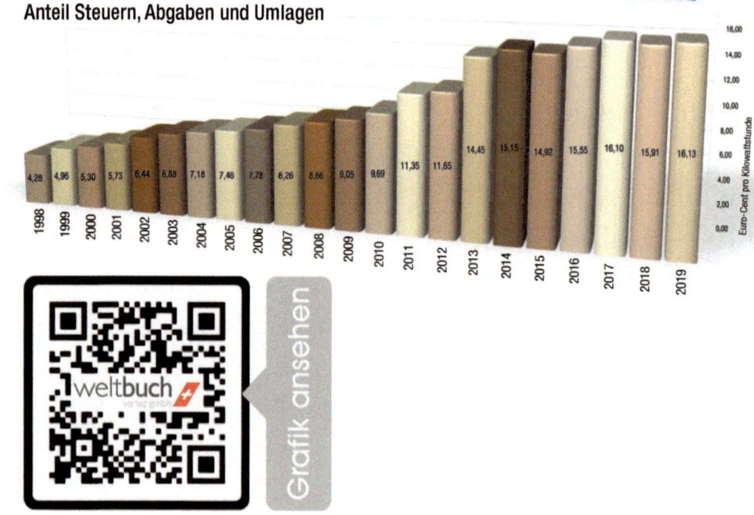

Grafik ansehen

Strompreise in der EU und der Eurozone

Die Strompreise der Europäischen Union werden durch das Statistische Amt der EU (kurz: EUROSTAT) erfasst. Zugänglich sind jeweils eine Übersicht aus dem Jahre 2011 zur:

- *Eurozone für Privatkunden sowie*
- *Industriekunden ohne Abgaben und Steuern*

Auffällig ist, dass die Mehrwertsteuer sowie die EEG-Umlage (Sonderabgabe) in Deutschland für Privatkunden Ausnahmen sind. Laut einer EU-Studie ist der Industrieanteil am BIP von 18 % auf 15 % in der Zeit von 2000 - 2013 gesunken, wofür die Verteuerung der Produktionskosten durch höhere Strompreise mitverantwortlich sein soll.

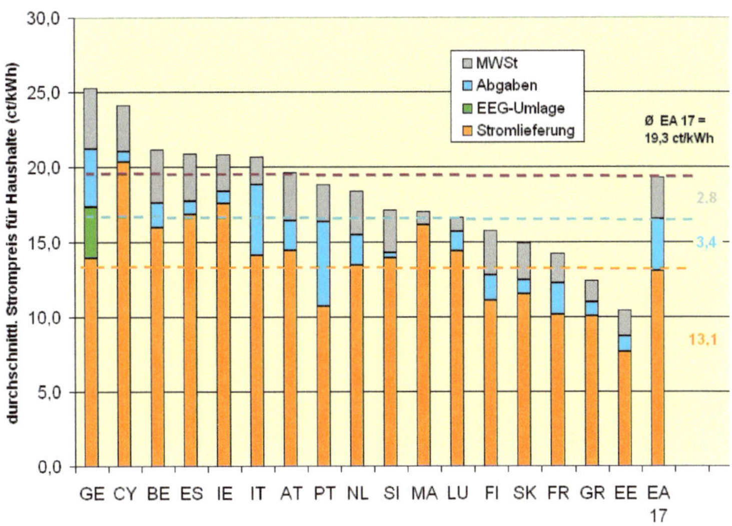

Durchschnitt der Strompreise von Privathaushalten einschließlich Abgaben, Umlagen und Steuern (Daten: Eurostat, Quelle: Wikipedia CC 3.0, @ Railweh10)

Das eigentliche Dilemma wird aus den Zahlen extrem deutlich. Wenn es uns nicht gelingt eine neue, vergleichbare Grundlastenergie zu bisherigen Energien mit weitaus geringeren Kosten, als es die Wind- und Sonnenenergie mit sich bringt, zu erzeugen, dann ist es eine „Quadratur des Kreises“, einerseits ökologisch die Erde zu modernisieren und andererseits die ökonomischen Voraussetzungen für das moderne Leben aufrechtzuerhalten. Es sei denn, wir erschließen uns neue Möglichkeiten zur dezentralen Energieerzeugung durch Umwandlung von Strahlung in Energie. Ein neues Zeitalter mit dem „ewigen Licht“ muss schrittweise umgesetzt werden.

Und dabei muss diskutiert werden, dass vor allem die natürliche Strahlung, aber auch künstliche Strahlung ein Speicher

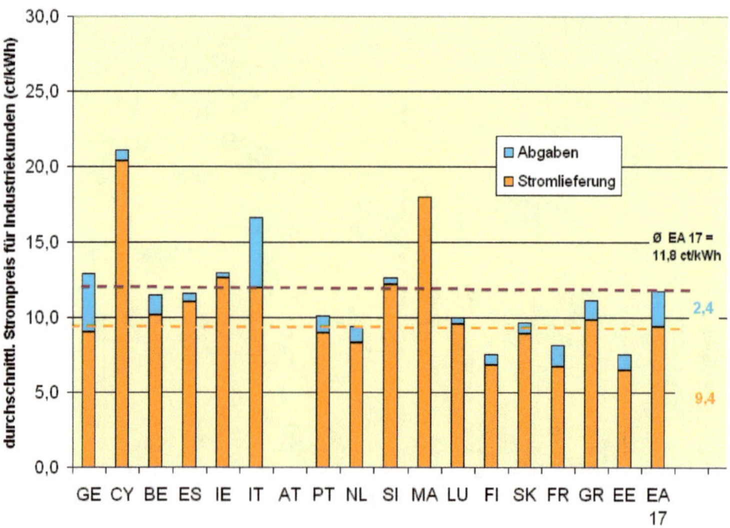

Durchschnitt der Strompreise von Industriekunden ohne umwälzbare Abgaben und Steuern, (Daten: Eurostat, Quelle: Wikipedia CC 3.0, @ Railweh10)

ist, der kontinuierlich genutzt werden könnte. Selbstverständlich bedarf es dafür einer Technologie: der ***Neutrinovoltaik®***.

Die „Strahlungsspeicher" sind dann die wesentliche Voraussetzunge, Strahlung aus dem Speicher der Atmosphäre unseres Planeten in Energie umzuwandeln. Nicht in einem komplizierten Produktionsprozess zu produzieren, sondern durch neue Techniken und Technologien einfach umzuwandeln. Der Speicher unseres Planeten ist angereichert mit diesen Strahlungen, natürlich und künstlich, die permanent nachwachsen. Das „ewige Licht" ist dadurch immer verfügbar. Deshalb können wir die Zeitenwende schrittweise einleiten.

Neutrinovoltaik®

Diese neue Form der Energiegewinnung aus der natürlichen und künstlichen Strahlungsenergie wird durch Beschichtung von metallischen Trägern mit speziell aufbereitetem Graphen und Silizium gelöst. Diese aus Nanopartikeln aufbereitete und kompliziert aufgetragenen Beschichtungen im Bereich von 10 - 20 nm entsprechen künstlich erzeugten Stoffschichten, die so als Materie mit dieser Stoffdichte natürlich auf unserer Erde nicht vorkommen bzw. bekannt sind.

Mit der Neutrinovoltaik® steht eine Technologie vor dem industriellen Durchbruch, die in der Lage sein wird, Grundlastkraftwerke abzulösen; es werden keine Produktionsketten zur Stromproduktion aufgebaut, sondern ***„Energiewandler neuer Qualität“****, die Strahlung in Strom umzuwandeln in der Lage sind.*

Eines ist sicher: Der nutzbare Vorrat an natürlicher Strahlungsenergie steht unabhängig vom Standort überall zur Verfügung; immer und ewig! Das **ewige Licht** als Energiebasis ist damit gegeben! Und die Neutrino Deutschland GmbH schafft die Voraussetzungen zur Nutzung der Strahlungen gemäß Patent WO 2016/142056 (siehe Anlage 7.2., Seite 199). Künstliche Strahlungen sind an den Standorten des Planeten abweichend, denn in der Stadt und im Gebirge oder auf dem Wasser ist die künstliche Strahlung verschieden.

Auf den folgenden zwei Seiten von Bildreihen sind „Molekular dynamics simulation of atom vibration“ abgebildet.
Über den QR-Code können Sie die Simulation als Video-Sequenz betrachten.

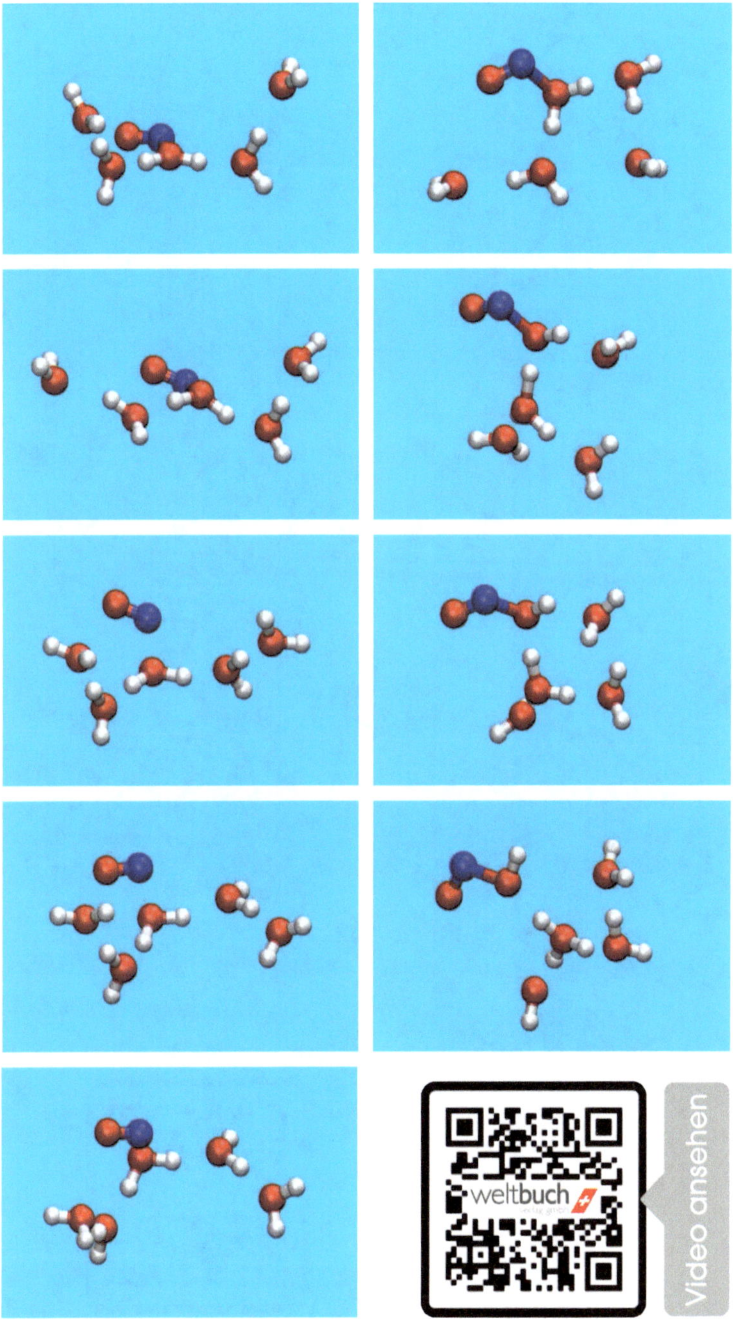

Video ansehen

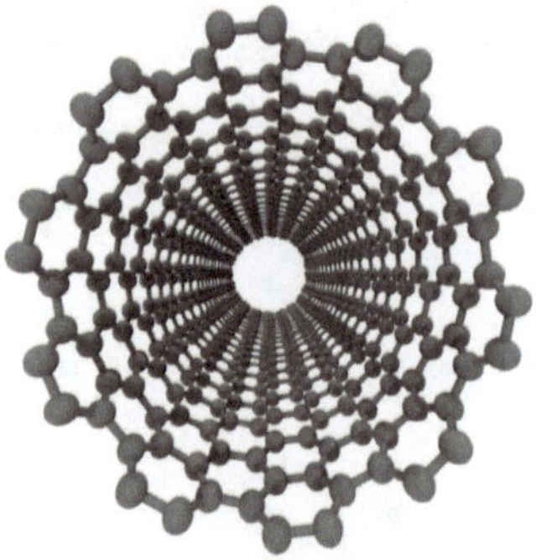
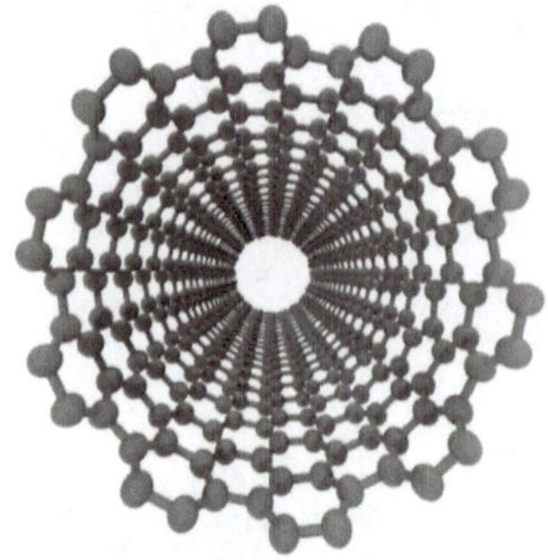
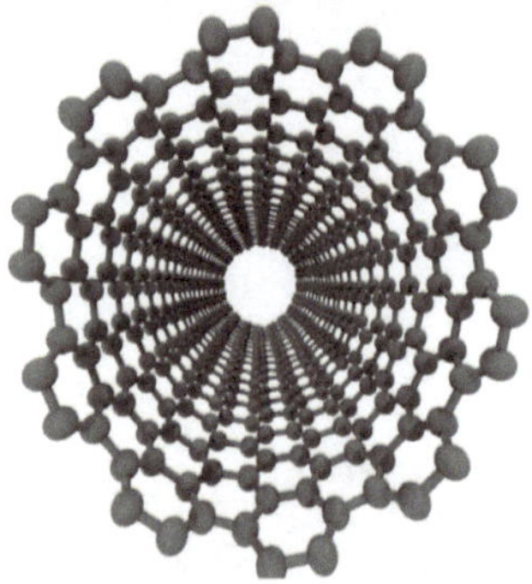
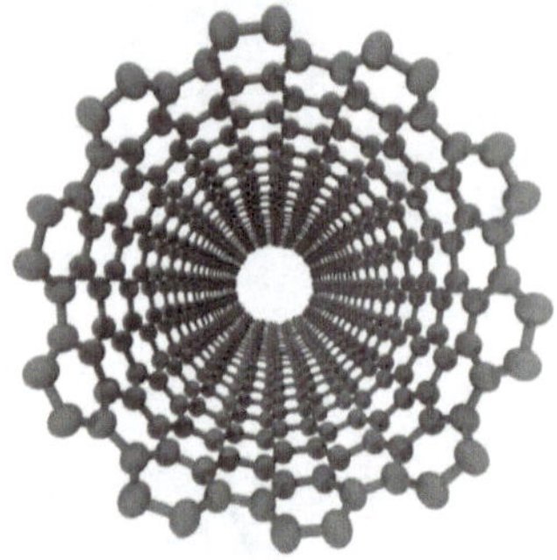
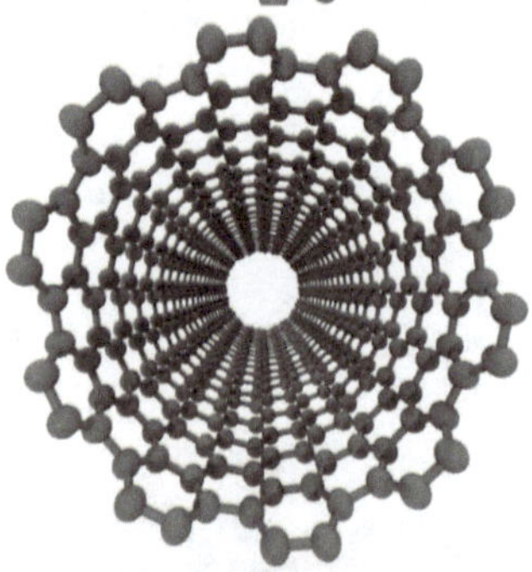
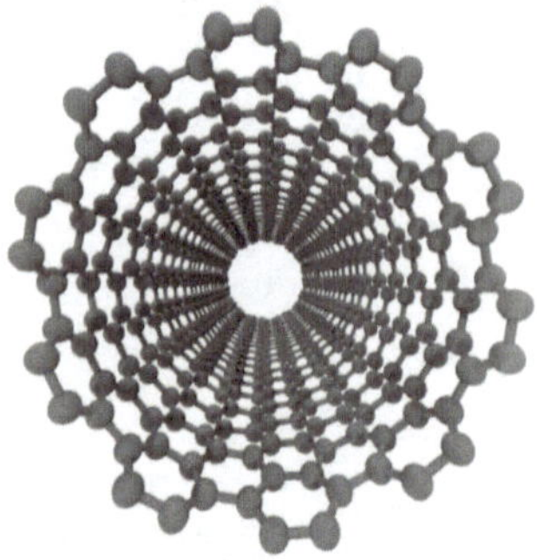
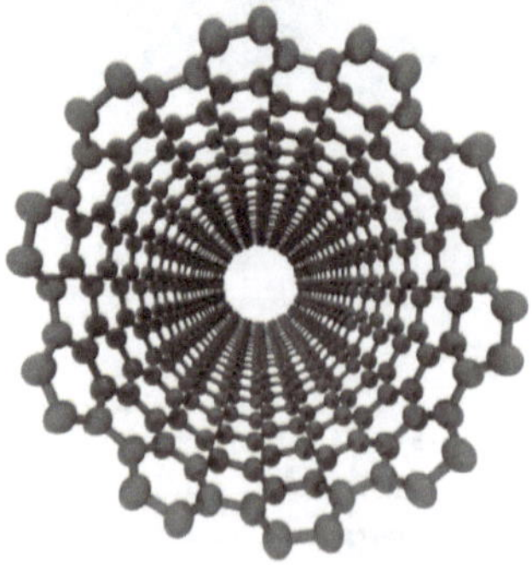

weltbuch verlag gmbh

Video ansehen

Die Neutrino Deutschland GmbH

In der Neutrino Deutschland GmbH sind unterschiedliche Unternehmen verankert, die sich der Aufgabe widmen, natürliche und künstliche Strahlung durch völlig neue technisch-technologische Lösungen in Energie umzuwandeln. Das Ziel dieser Entwicklung ist definiert durch die Probleme auch der Erderwärmung, der ungleichen Verteilung der Energiegewinnung auf unserem Planeten und der tragischen Entwicklung, dass leider bisher politische Lösungen zur Gestaltung des Weltklimas (z.B. CO_2-Reduzierung) problematisch sind. Eine neue Grundlasttechnologie, die weltweit nutzbar ist, kann diesen Widerspruch nur lösen. Des Weiteren wird diese Energie sehr preiswert herstellbar sein; dadurch lösen sich vor allem soziale Probleme.

Seit 2008 arbeitet diese Gruppe aktiv und hat inzwischen eine weltweite, beträchtliche Resonanz erreicht, die sich in der Zusammensetzung des wissenschaftlichen Beirates ausdrückt (siehe Anlage 7.3., Seite 215).

Der Autor ist in der Gruppe für die Anwendungstechnologie verantwortlich, die das Ziel hat, Pilotprojekte zu entwickeln, auf deren Basis die industrielle Großserienentwicklung beginnen kann – ohne Ländergrenzen! Sein Motto: ***Wir wollen das Leben lebenswerter machen.***

Anwendungstechnologie

Der Übergang von Grundlagenforschungsergebnissen führt in der Regel über sogenannte Pilotlösungen oder Pilotprojekte. Im Fall der völlig neuen Werkstoffe zur Beschichtung von metallischen Trägern und deren Aufbereitung in Beispielanwendungen zur Vorbereitung der Industrieproduktion ist der erste Schritt die Automatisierung der bisherigen Laborarbeit.

Das Vorgehen wird notwendig, um

- *die aufwendige, in manueller Arbeit durchzuführende Laborentwicklung zu ersetzen durch formale, maschinelle Arbeitsabläufe,*
- *die Menge von beschichteten, metallischen Trägern in relativ kurzer Zeit herzustellen und*
- *die Produktionskosten für die spätere, industrielle Massenproduktion deutlich zu reduzieren.*

Sind die Beschichtungen der metallischen Träger in Modulen oder CUBE´s luftdicht verpackt, können unterschiedliche Kleinstkraftwerkskonzepte realisiert werden. Um die weiteren Erläuterungen besser zu verstehen, liefern die folgenden, schematischen Erläuterungen eine Hilfestellung.

1. Beschichtung der metallischen Träger

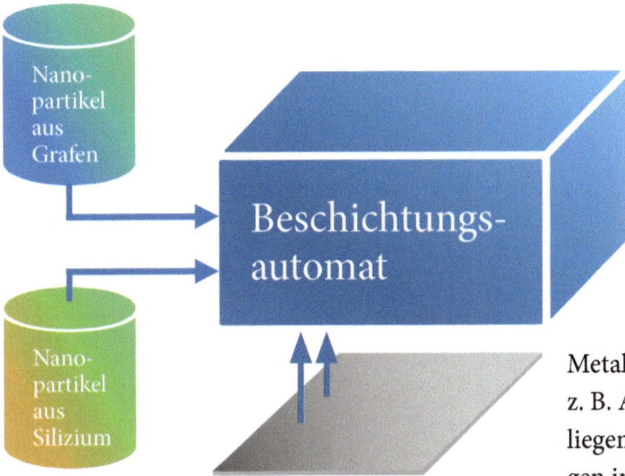

Schichten aus Graphen und Silizium

Metallische Träger, z. B. Aluminiumfolie, liegen die Beschichtungen im Automaten

2. Packen von metallischen Trägern

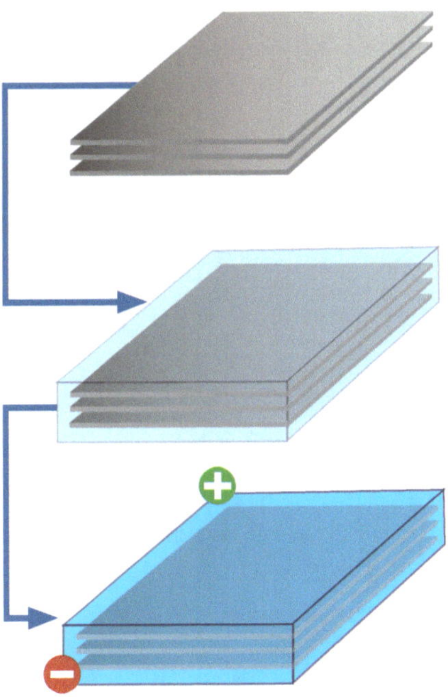

Packen der beschichteten Folien in Reihenschaltung (Unterseite auf Oberseite) bis max. 100 Träger bzw. Panel.

Lichtdicht im Automaten in kupferbeschichtete, als Stapel eingeschweißten Folien

MODUL oder CUBE mit max. 100 metallischen und beschichteten Panel, Plus- und Minuspol als Verteiler bzw. Anschluss zur weiteren Verdrahtung

3. Herstellung von Kleinstkraftwerken mit unterschiedlichen Leistungen und Transformatoren

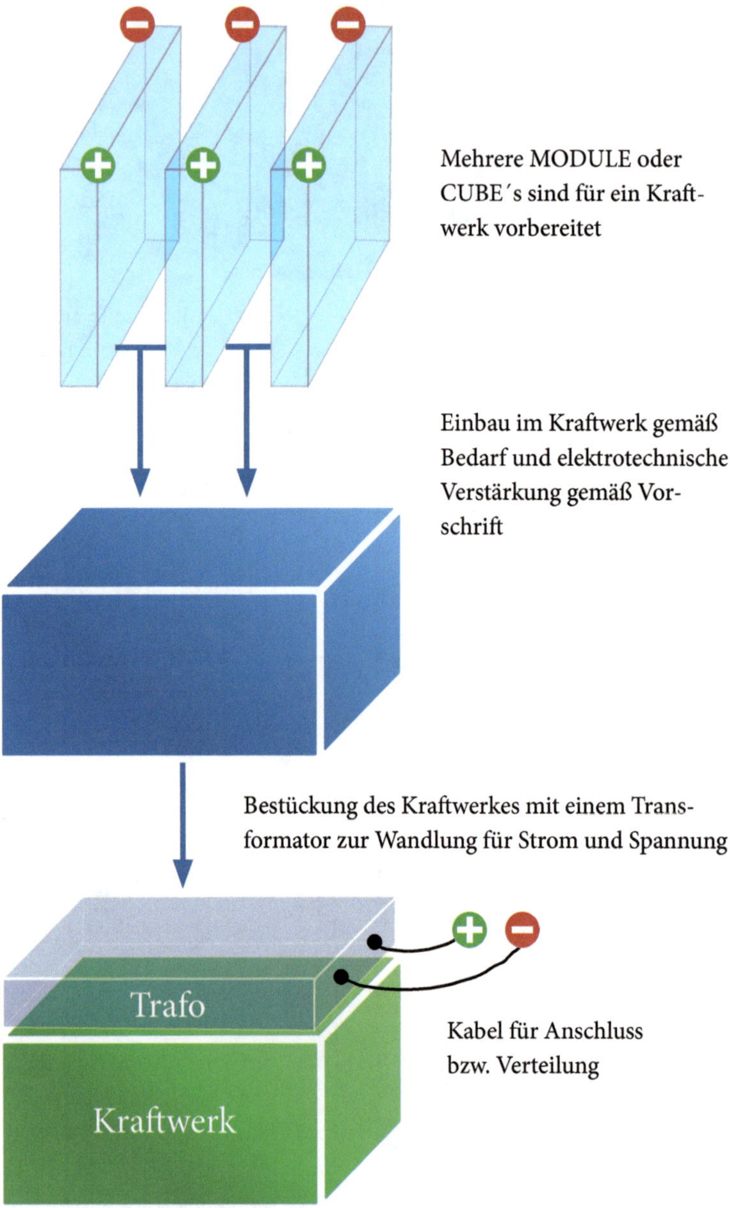

Die stark vereinfachte schematische Darstellung zum allgemeinen Aufbau der Kraftwerke setzt sich aus folgenden Schritten zusammen:

1. Beschichtung eines metallischen Trägers (6 x 2 Schichten mit speziellen Nanopartikeln in unterschiedlichen, definierten Dicken)

2. Das Packen von sogenannten CUBE´s bzw. Modulen zur Leistungssteigerung pro Grundfläche (bis zu 100 Stück geplant) sowie luftdicht gepackt als Reihenschaltung

3. Die CUBE´s werden in Kraftwerken verbunden bis zu einer geplanten Leistung (geplant: max. 7 KWh/m^2 brutto) und über Transformatoren in der gewünschten Stromart (Gleich- bzw. Wechselstrom und die gewünschte Spannung) mit entsprechender Leistung (min. 5 KWh netto) zur Verfügung gestellt.

In diesem Zusammenhang sei darauf hingewiesen, dass seit 2015 zunehmend Physiker darauf hinweisen, dass scheinbar die Neutrinos auch eine Verantwortung für die Aufwärmung des Planeten Erde haben könnten. Ca. 2/3 der Neutrinos bleiben im Inneren des Planeten stecken und geben damit die gesamte Energie und die Masse ab. Es wird nach Berechnung geschätzt, dass eine angenommene „Erdkugeldiagonale" sich jährlich um 15 - 20 cm vergrößert.

Definitiv scheint es, dass unser Planet im Inneren über sehr, sehr dichte und enge Stoffstrukturen verfügt, die wir noch nicht kennen. Diese Strukturen müssen auch Teilchen wie Neutrinos aufhalten.

Warum sollen die Neutrinos nur im Erdinneren am Durchfliegen gehindert und aufgehalten werden? Der Ansatz ist ganz einfach: Mit neuen, ingenieurgemäßen Techniken und Technologien sind Lösungen möglich, die bisher nicht bekannte Materie mit bekannten Gesetzen der Naturwissenschaften so zu kombinieren, dass Energie von Neutrinos übertragen werden kann durch Umwandlung von Strahlung in Strom; die Neutrinos interagieren (berühren) Atome und geben einen Teil der Energie ab.

Diesen Vorgang nennen wir Neutrinovoltaik®.

In den weiteren Kapiteln wird versucht, eine kurzfristige Lösung zur Anwendung der „Neutrinovoltaik®" zu erläutern; eine realistische Vision, die bereits im Labor funktioniert und deren schrittweise Nutzung für das gesellschaftliche Leben in den nächsten 5 - 10 Jahren verfügbar gemacht werden muss. Es bedarf aber einer insgesamt gesellschaftlichen Unterstützung und eines positiven Sinneswandels zu neuen Technologien hin, auch wenn viele Wissenschaftler noch altem Denken folgen. Genau dieses Verhaltensmuster ist bei wissenschaftlichen Neuheiten seit Jahrhunderten normal! Wir lassen uns in der weiteren Entwicklung davon aber nicht abschrecken, sondern verstärken die Argumente für neues Denken. Die Einheit von Ökonomie und Ökologie wird überlebensnotwendig für die Menschheit sein. Preiswerte Energie, die überall auf unserem Planeten verfügbar ist, wird auch neue politische Möglichkeiten schaffen, denn der Reichtum an Bodenschätzen wird nicht mehr dominant sein! Der „normale" Bürger hat dann kostengünstig und zuverlässig seine Energie, aber auch Mobilität! Das gilt ebenso für den Mittelstand, die Industrie, für die Landwirtschaft, für das gesamte gesellschaftliche Leben.

Nutzen wir endlich den Weg in die neue Energiepolitik, um weltweit auch das Klima zu stabilisieren. Zukünftig muss einerseits die Reduzierung des CO_2-Ausstoßes und andererseits die Begrünung als Mittel zur Erhöhung des CO_2-Verbrauches eine Rolle spielen! Der energetische Aufwand für die Begrünung ist auf Basis der Strahlungsenergie dann weltweit preiswert lösbar, vor allem weil auch sehr viel mehr „Meerwasser" zu salzfreiem Wasser für die Bewässerung von großen Regionen verfügbar gemacht werden kann.

„Ewiges Licht" sichert dem blauen Planeten mit viel Grün und zukünftig wieder sinkenden Temperaturen die Perspektive, die sich alle wünschen. Wir nennen es: ***„Friday for Future with Neutrinovoltaik®."***

2. Die heterogene Struktur der Energieerzeugung

Die Energiepolitik ist weltweit stark verschieden organisiert. Insofern sind einerseits Abhängigkeiten von fossilen Energieträgern und der Atomkraft, andererseits sind hohe Anteile von erneuerbaren Energien bzw. Wasserkraft verfügbar. Die natürlichen Gegebenheiten, die strategischen Ziele der Energiepolitik sowie die gesellschaftlichen Notwendigkeiten energetische Engpässe zu überwinden, lassen unter den heutigen, vielfältigen Möglichkeiten eine für alle Staaten gültige und ***optimale Lösung*** aus der Sicht der Stabilisierung das Weltklimas durch Reduzierung von CO_2 ***nicht*** einheitlich organisieren.

Festzuhalten ist, dass Wind- und Solarenergie als Ergänzung für Grundlastsysteme durchaus wünschenswert und gefragt sind. Allerdings gibt es einen ganz wesentlichen Denkfehler: Die Energie ist ohne zusätzliche Speichersysteme nicht grundlastfähig. Hier gibt es viele Entwicklungen, die aber noch erhebliche Probleme bereiten und zusätzliche Kosten für die Verbraucher mit sich bringen können und werden! Die Wind- und Sonnenenergie ist nicht zuverlässig, weil häufig nicht verfügbar; die Verfahren werden politisch unterschiedlich interpretiert. Allerdings sind derzeitige und vor allem zukünftige Energiesysteme notwendig, die Energie liefern, wenn diese gebraucht wird.
Dieser Faktor wird vor allem nicht im Hinblick auf die zukünftigen Steigerungen des Energieverbrauches durch zum Beispiel:

- ***Elektromobilität***

- ***Digitalisierung***

- ***Künstliche Intelligenz***

- ***5G-Systemlösungen***

diskutiert und vorbereitet. In allen gesellschaftlichen Gruppen sind deshalb ausreichend Anstrengungen nötig, um den Planeten zu stabilisieren.

Energieerzeugung von Strom an Beispielen

Die Energieerzeugung ist weltweit sehr unterschiedlich organisiert. Die natürlichen Gegebenheiten, die Traditionen, die Rohstoffvoraussetzungen, die politischen Ziele, aber auch die jeweilige Investitionskraft führen zu verschiedenen, eigenen, landesgeprägten Vorstellungen zur Energieproduktion.

Die weltweiten Bemühungen zur Gestaltung von gemeinsamen Umweltzielen wird häufig durch nationengeprägte, egoistische Ziele torpediert. Die Entwicklung einer „rohstofffreien" Energie durch Wandlung von Strahlung in Energie schafft eine Voraussetzung, um die globalen Ziele zur Erhaltung des Planeten ohne nationale Egoismen zu erreichen!

1. Russlands Stromversorgung

Aus dem Jahr 2018 liegen Informationen vor, nach denen in Russland ca. 64 % des Stromes aus Öl, Erdgas, Kohle und Torf erzeugt wurden. Etwa 18,5 % der Versorgung entfallen auf Wasserkraft und ca. 17,5 % auf Atomenergie mit steigender Tendenz.

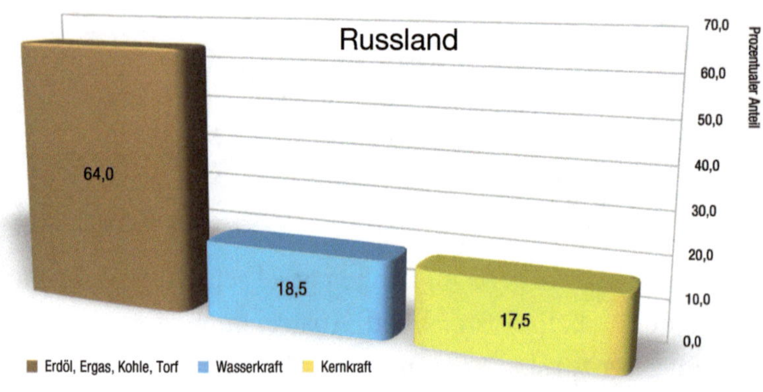

Die Planungen gehen davon aus, dass die Kernkraftwerke auf 1/3 auszubauen sind, damit weitere Exportreserven für Erdöl und Erdgas erschlossen werden.

2. Stromversorgung der USA im Vergleich mit der in Europa (2015)

Nach der Tabelle des Energieverbrauches verbrauchen die Bürger in den USA das 2,5fache an Elektronenergie als in der Europäischen Union.

Produktionskapazitäten nach Energiequellen

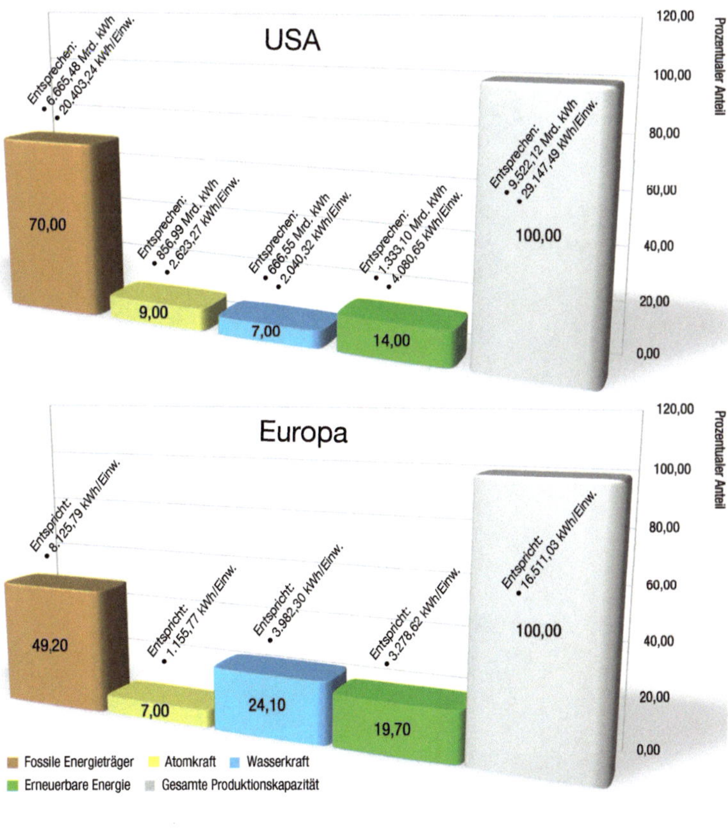

Die USA haben bisher wenig für den Anteil an erneuerbaren Energien, aber vor allem sehr wenig zur Einsparung von Energie getan. Damit nimmt die USA mit Abstand gegenüber anderen Staaten in der Pro-Kopf-Erzeugung von CO_2 weltweit die Spitzenposition ein. Deshalb ist jeder Vorschlag zur Klimafrage ohne die USA sehr problematisch, weil die Wirkungen in Frage zu stellen sind.

3. Stromverbrauch in China im Vergleich mit Europa

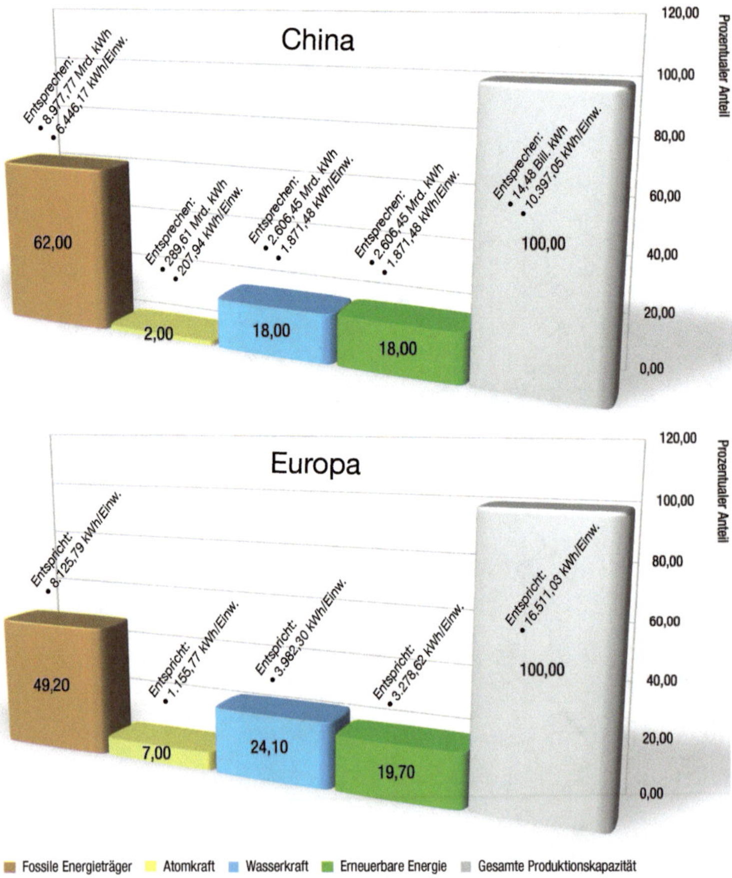

Nach den USA hat China die fossilen Energieträger auch auf insgesamt 62 % Anteil deutlich erhöht, aber pro Kopf der Bevölkerung hat China weniger CO_2-Ausstoß als Europa.

Die Übersichten von wenigen Staaten machen es eindringlich deutlich:

1. Die Elektroenergieproduktion ist in der Welt heterogen verteilt. Eine Abstimmung wird erst dann möglich werden, wenn große Energiemengen homogen produziert werden können; da hilft nur das „ewige Licht", die Strahlungen.

2. Homogen heißt, erst müssen Innovationen für die Grundlastenergie entwickelt sein, die in ausreichender Menge und zu einem sozialen Preis verfügbar sind.

3. Nur dann werden, wie am Beispiel des „Ozonloches" (siehe Seite 19) beschrieben, zur Stromproduktion die fossilen Energieträger verboten und die Atomkraftwerke außer Betrieb gesetzt werden können.

Darum würden energetische Voraussetzungen, die weltweit in gleicher Form zur Verfügung stehen, eine völlig neue Denk- und Arbeitsweise in der Energiepolitik begründen, als es heute bei der Vielfalt individueller staatlicher Lösungen der Fall ist. Nur dann kann der egoistische „Staaten"-Streit beseitigt werden. Es gibt ***keine*** staatliche CO_2-Marke, wie es auch kein staatliches FCKW gab. Trotzdem gelang in der Frage des „Ozonloches" eine weltweite Regelung zum Verbot und der Entwicklung schadstofffreier Lösungen.

Um homogene Erzeugervoraussetzungen zu schaffen, bedarf es einer neuen erneuerbaren Grundlastenergie, mit der letztlich ein CO_2-freies Energiezeitalter eingeleitet werden muss. Die Aufgabe der Atomenergie ist dann selbstverständlich auch erledigt; die Atomenergie ins Verhältnis zu den „Schäden" durch CO_2 zu setzen, die bei der Verbrennung entstehen, ist wesentlich nachhaltiger für viele Menschheitsgenerationen. Bei dem nächsten Crash eines Atomkraftwerkes wird diese Diskussion dann wieder neu geführt.

Die Kurzfristigkeit der politischen Bewertung und das permanente „Im-Auge-haben" von Umfrageergebnissen bei politischen Parteien führt bei den Entscheidungen leider zu einem Verständnis, das häufig nicht von mittel- und langfristigen Entscheidungserfolgen ausgehen kann. Ein Aktionismus ist das Ergebnis, das eben nicht zu grundlegenden Veränderungen führt. Die letzte Atomkatastrophe in Japan ist erst wenige Jahre her; davon aufgerüttelt, ist nur in Deutschland eine endgültige Entscheidung gegen die Atomenergie erfolgt. Sogar in Japan arbeiten Atomkraftwerke wieder.

Auch in der Europäischen Union halten die meisten Staaten an der Atomenergie fest beziehungsweise bauen diese sogar noch aus.

Wir arbeiten deshalb an Lösungen, die einen Teil der Bewegungsenergie der „Geisterteilchen" – Neutrinos – in zusätzliche Schwingungen von Graphenatomen versetzen und daraus resultierend eine Elektroenergie abgeleitet werden kann, die 24 Stunden am Tag, also durchweg Strom produziert. Natürlich ist Graphen als Stoff in einer besonderen Form aufzubereiten. Graphen ist in Nanopartikel zu zerlegen und relativ kompliziert so eng zusammenzufügen zu einer neuen Stoffstruktur, die dichter und fester als Diamanten ist und insofern die Atome den Neutrinos beim „Durchfliegen“ im Wege stehen. Die Darstellungen im Detail werden im Kapitel 3 beschrieben!

Überraschend ist vor allem die Tendenz, dass nun die Atomenergie von Staatslenkern als „klimafreundlich“ deklariert wird. Und das ist umso schwieriger, da selbst in der Europäischen Union keine einheitliche Haltung zu der Frage der Risiken der Atomenergie bisher bezogen wird, ist. Deutschland ist in seiner Entscheidung für die Abschaffung des Atomstromes bis 2022 weitgehend isoliert. Die neuerliche Entwicklung der Abwägung der Risiken der Atomenergie und der Verbrennungsenergie kann nicht eine vernünftige Zukunftslösung sein, wenn die Risiken eines weiteren Atomunfalles zunehmen. Die häufig von „grünen“ Diskussionsrednern angeführten Vorschläge zur „Vorreiterrolle“ von Deutschland werden an diesem Beispiel ad absurdum, also ins Gegenteil geführt. EU-Mitglied Frankreich, das einen überwiegenden Teil seiner Elektroenergie aus Kernkraft erzeugt, sieht nun die Atomkraft als grüne Alternative zur fossilen Energie. Hallo, wo bleibt hier die Vorreiterrolle Deutschlands?

Für das weitere Grundverständnis ist wichtig, dass der Leser den Zusammenhang zwischen:

- der Manipulation von sehr dichtem und festem Graphen als Stoff, kompliziert gefertigt aus Nanopartikeln, versteht (ein Stoff, den es so in der Natur des Planeten nicht gibt),

- den möglichen Berührungen von vielen Teilchen (geschätzt ca. 60 - 100 Neutrinos) pro Graphenatom in der neuen Stoffstruktur pro Sekunde und

- den zusätzlichen Schwingungen der Graphenatome, die durch diese Schwingungen einen weiteren Stoff (Silizium) zu horizontalen Teilchenbewegungen führen. Das ist die Voraussetzung für den Stromfluss!

Graphen und Neutrinos

Das Durchfliegen der Neutrinos auf unserem Planeten durch die Materie ist grundsätzlich der „Normalfall“, da die verfügbare Materie auf unserem Planeten über Stoffstrukturen verfügt, die für diese sehr, sehr kleinen Teilchen keinen Widerstand bedeuten. Die Zerlegung von Graphen in sogenannte Graphennanopartikel (etwa ein bis max. zwei Atome groß) ist die Voraussetzung, um in einer komplizierten Beschichtung diese Partikel sehr dünn auf metallische Träger so eng aufzutragen, dass die Interaktionen möglich werden. Diese Zusammenhänge werden genauer im Kapitel 3 beschrieben.

Vereinfachte Darstellung der Erzeugung von Metastoffen

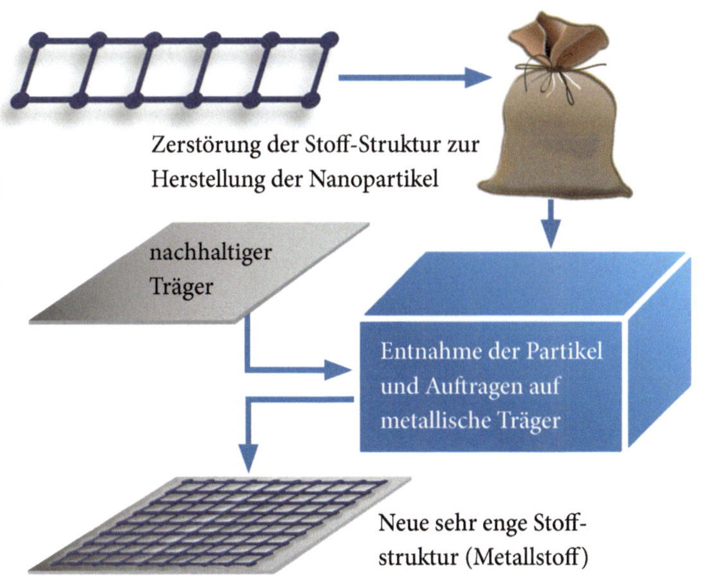

Um einerseits die Überlegungen zum Entwickeln einer erneuerbaren Grundlastalternative voranzutreiben und wiederum die speziellen nationalen Lösungen im Blick zu haben, wird in diesem Kapitel zuerst Norwegen und Frankreich, danach schließlich Deutschland eine Auswertung der Situation vorgeschlagen.

Da überall nach heutigen Grundlagenerkenntnissen annähernd die gleiche Anzahl an Neutrinos aus natürlicher Strahlung auf der Erde ankommt, wird die neue Energiepolitik auch Fragen zur Auseinandersetzung über die Energienutzung vorhandener Rohstoffe völlig neu politisch ermöglichen; durch die junge Generation ist diese Diskussion erst kürzlich erzwungen worden. Aber unser Ziel ist es, Individualität und freiheitliches Denken und Handeln aufrechtzuerhalten.

Der Weg in das *ewige Licht*

Das heißt: keine Produktion von Energie, sondern Umwandlung von Strahlung in Energie. Wir haben nicht viel Zeit, um den Planeten für Menschen wieder lebenswerter zu machen und letztlich zu retten für ein Leben mit den Menschen und ohne wesentliche Einschränkungen. Trotzdem bleibt der Grundsatz: Energie sparsam nutzen!

Als Beispiel für CO_2-arme, unterschiedliche Konzepte zur Erzeugung von Elektroenergie ist der nächste Punkt gedacht. Daraus wird deutlich, wie schwer abgestimmte internationale Lösungen zu erarbeiten sind, die eine Einheit von Ökonomie und Ökologie sichern helfen und ein wesentliches Element des neuen sozialen Zusammenhaltes werden können. Nur dann kann die Zeitenwende in Angriff genommen werden.

2.1. CO_2-arme oder -freie Energieproduktion am Beispiel von Norwegen und Frankreich

Die einzigartige Natur hat in Norwegen Voraussetzungen geschaffen, die nahezu eine 100-prozentige Elektroenergieerzeugung ***ohne*** CO_2 ermöglicht. Natürlich ist das ein positives Beispiel für eine gesunde Umwelt und eine ökologische Energiegewinnung. Außerdem ist die erzeugte Energie relativ preiswert. Auch sind Steigerungen oder Drosselungen mit der Wasserkraft eine einfache Möglichkeit, den Energieverbrauch entsprechend verfügbar zu machen und die Produktion mit mehr oder weniger Wasserzufuhr zu drosseln oder zu steigern; eben bedarfsgerecht!

Von daher ist es nicht verwunderlich, dass in Norwegen der Anteil an Elektromobilität am meisten in Europa wachsen konnte gegenüber vergleichbar motorisierten Ländern. In Norwegen sind heute ca. 1/3 aller Fahrzeuge „abgasfrei", sodass sich die „Klimabilanz" deutlich verbessert hat und das Land die Spitzenposition einnimmt.

Norwegen ist von den Klimazielen her ein positives Beispiel einer sehr gelungenen Einführung der Elektromobilität auf der Basis von erneuerbaren Grundlastenergien wegen der besonderen, natürlichen Gegebenheiten. Ein gutes Beispiel von den Zielen her, aber nicht übertragbar auf eine weltweite Anwendung. Trotzdem muss man in Norwegen das Problem der ***Ladesäulen*** und ***Großbatterien*** diskutieren. Mit einer zukünftigen Nutzung der natürlichen und künstlichen Strahlung könnten diese Nachteile auch hier beseitigt werden. Neben dem riesigen Verbrauch von seltenen Rohstoffen bei der Batterieproduktion wäre die Ladeinfrastruktur von heute in der neuen Elektrozukunft nicht mehr notwendig; das Kraftwerk ist im Fahrzeug und wandelt Strahlung in Energie um. (Norwegen stellt auf Grund der natürlichen Gegebenheiten einen Sonderfall dar, der nicht verallgemeinert werden kann, wie bereits erwähnt.)

Frankreich verfolgt auch die Ziele einer CO_2-freien Energiepolitik, wobei die technische Realisierung auf Basis der Atomenergie organisiert wird. Bei vereinfachter Analyse kommt der Betrachter zum Schluss, dass Frankreich auf einem guten Weg sei. Ist das wirklich so?

Die Erhöhung des Stromverbrauches stellt in Frankreich die Energiewirtschaft vor die Aufgabe, die Reduzierung des Verbrauches von Treibstoffen auszugleichen durch eine Erhöhung der Stromproduktion aus Atomenergie. Wird in der Umweltpolitik die nicht geregelte Frage des Atommülles nicht bewertet, dann müssen so auch erhebliche Risiken entstehen, die zwar sich nicht in CO_2-Bilanzen ausdrücken, aber trotzdem Belastungen für sehr viele spätere Generationen mit sich bringen müssen!

Um die „Atomrisiken“ abzuschaffen, sollte auch Frankreich die schrittweise Einführung der Energieumwandlung aus Strahlungsenergie prüfen und organisieren.

Eine Kritik an dem zu hohen CO_2-Ausstoß z.B. in Deutschland durch Frankreich beschreibt nicht die Situation, dass Deutschland die weitaus schlimmere Katastrophe eines nuklearen Infernos mitten in Europa ausschließen will. Dass die Atomverseuchung unseres Planeten keine Rolle in der Klimadiskussion spielt, muss jeden eigentlich die Frage stellen lassen: „Wie ausgeglichen sind diese Klimadiskussionen überhaupt?" Das kann nicht fair und ehrlich sein! Der Grund liegt in der Idee der Regulierung, der Einschränkungen und der fehlenden Innovationen. Damit kann der Weg in Frankreich auch nicht „Vorbild" sein.

Mit der Strahlung und deren Umwandlung wird unser Planet das „ewige Licht" nutzen; es wird deutlich, dass wir eine neue Zeitrechnung einleiten müssen, um diese gewaltigen Widersprüche und Falschdarstellungen zu korrigieren.

2.2. Die Situation in Deutschland

Die deutsche Situation lässt sich sehr gut an der Diskussion zum Verkehr darstellen. Einmal wieder scheint der Musterschüler der Europäischen Union in der Verkehrspolitik zu überziehen. „Der Diesel ist schuld!" Dabei werden sogar im bisherigen öffentlich-rechtlichen Fernsehen nun Beiträge gesendet, die endlich nach Jahren der Fake-News über NOX-Schadstoffe und deren Wirkung auf die Gesundheit der Menschen das Wort den Medizinern erteilen. Gesundheitsschäden sind bei den beanstandeten Größenordnungen an NOX nicht in jedem Fall schlüssig! Gelungen ist die Verunsicherung der Verbraucher, denn eine solche Situation gab es in Deutschland noch nie!

Wenn das Autoland Nummer eins der Welt, der Erfinder der motorisierten Mobilität, sich selbst schlecht redet, weckt das Zweifel am Zukunftswillen unserer Nation. Bisher war direkt oder indirekt jeder siebente Arbeitsplatz mit der Automobilindustrie in Deutschland verbunden; es wäre eine Katastrophe, wenn wir selbst diese Spitzenposition freiwillig räumen.

Natürlich ist eine Schadstofffreiheit überall und für jeden wünschenswert. Aber kann in der Großstadt wirklich eine Luftreinheit verlangt werden wie in einem einzeln stehenden Haus mitten in der Natur? Außer Frage steht, dass Betrügereien bei Prospektangaben als Straftaten geahndet werden müssen. Und die Technik kann es ja auch besser machen, wie die Einführung des Katalysators gezeigt hat. (siehe Seite 16)

Der Diesel ist nach der Installation von zusätzlicher Technik schadstofffreier geworden. Die AdBlue-Technologie sichert ohnehin, dass die Diskussionen in erster Linie ideologisch gegen das Auto an sich und für Nahverkehrslösungen ausgerichtet werden. Dass eine der wesentlichen deutschen Industrien nun auch Probleme erhält interessiert so lange nicht, wie die Steuereinnahmen noch hoch sind und die Politik Geld verteilen kann. Das kann sich schnell ändern! Das Geld, das von der Politik ausgegeben werden will, muss erst von der Wirtschaft mit Steuern aus Gewinnen verdient worden sein. Das funktioniert nur durch einen entsprechenden Umsatz.

AdBlue-Technologie

Die falsche Diskussion hat zu Verwerfungen geführt, die im Autohandel zu spüren sind. Aber anstatt durch die AdBlue-Technologie die Diskussion wieder positiv zum Diesel zu drehen, gehören diese Fake-News immer weiter von selbsternannten Umweltschützern zu deren Tagesprogramm.

Das Ergebnis: Im Straßenverkehr wächst der CO_2-Anteil deutlich, keiner spricht ehrlich über die Gründe, denn vergleichbare Motorisierungen von Dieseln und Benzinern führen im Durchschnitt bei dem Benziner zu ca. 1/3 mehr CO_2!

Die falschen Daten zu Dieselangaben im Prospekt sind im Dauerbetrieb sehr bedauerlich, aber die Bedingungen „auf dem Teststand" waren in der Europäischen Union seit Jahrzehnten abgestimmt, um Vergleichswerte sicher zu erreichen. Leider hat dann in vielen Bereichen der Automobilindustrie eine Manipulation im normalen Fahrverhalten zu deutlich höheren Abgaswerten geführt – vor allem beim Diesel.

Aus dem Fehlverhalten einiger Unternehmen zu schließen, dass Diesel grundsätzlich schlecht sei, sind moderne FAKE-NEWS und völlig unverständlich ist, dass die Politik, bis auf wenige Ausnahmen, dieses Lied mitpfeift. Die AdBlue-Technologie, die mit der neuen Abgasnorm EURO 6 seit 2014 in der EU gilt, hat bei den heutigen Neufahrzeugen die Situation völlig geändert. Der „Diesel-AdBlue" hat insgesamt deutlich weniger Schadstoffe als Benziner mit vergleichbarer Leistung und zudem einen geringeren CO_2-Schadstoffausstoß, was vor allem mit dem Umstand zu tun hat, dass der Diesel im Leis-

tungs- und Kraftstoffverbrauchsverhalten schon immer besser war.

An manchen Tankstellen gibt es einen neuen Zapfhahn mit der Aufschrift „AdBlue". Was hat das zu bedeuten? Bei Dieselmotoren alter Prägung war zwar der CO_2-Ausstoß und auch der Feinstaub deutlich reduziert gegenüber dem Benzin-Ottomotor, aber der „Spitzbube" hieß „Stickoxide". „Der Diesel ist schlecht!" – völlig falsch und nur grüne, sozialistische Ideologie. Stickoxide sind schlecht, aber werden heute beseitigt.

Also hilft Innovation – eine neue ingenieurgemäße Denk- und Arbeitsweise zur Beseitigung der Stickoxide. Als Erstes hilft die Chemie: Mit Harnstoff ist es möglich, schlicht und einfach die Stickoxide umzuwandeln in Stickstoff und Wasser. Was im Reagenzglas funktioniert, ist natürlich auch im Auto technologisch grundsätzlich möglich.

AdBlue ist eine 32,5-prozentige Harnstofflösung, die im PKW mitgeführt wird in einem Extratank. Mit dieser Technologie konnten die neuen Grenzwerte unproblematisch eingehalten werden. In Abhängigkeit der erzeugten Menge an Abgasen wird AdBlue direkt in den Abgasstrang vor dem Katalysator gespritzt und im Katalysator finden dann die notwendigen Reaktionen statt!

Innovation macht es möglich, keine Hysterie, Falschinformationen oder Antimobilitätsstrategien. Der Bürger wurde bis heute zu wenig über die Dieselinnovationen informiert!

Im Übrigen werden im Durchschnitt im PKW ca. 1 Liter AdBlue auf 1000 km verbraucht, also kaum Mehrkosten!, sondern Beweis für die sehr gute Verbrennertechnologie und innovatives Zukunftsdenken.

Es wird viel zu wenig darauf verwiesen, dass Deutschland als größtes Transitland in Europa auch für das CO_2 der LKW verantwortlich gemacht wird, die weder Start noch Ziel der Fahrten in Deutschland haben. Europäische Länder mit deutlich weniger Transitverkehr sind dadurch in der Abrechnung begünstigt. Die deutsche Politik muss diesen Sachverhalt endlich aufnehmen.

Also, der höhere CO_2-Ausstoß hat zwei Ursachen:

- die Verteufelung des Diesels (Ersatzinvestition mit Benzin) und
- die Steigerung des LKW-Verkehrs, vor allem im Transit durch Deutschland.

Bisher hat die Energiewirtschaft in Deutschland die geplanten CO_2-Einsparungen eingehalten, aber trotzdem ist die Braunkohle in der Kritik der Umweltschützer an der Reihe! Welch eine sinnlose Diskussion zur Verunsicherung der Bevölkerung, der Regionen und der Energieversorgung unseres Landes. Warum kann die Müllverbrennung nicht sofort eingestellt werden? Die Erzeugung von Öl und Gas aus Abfall wäre doch CO_2-frei wünschenswert?! Aber der Pyrolyse wird keine nennenswerte Chance gegeben. Was aus Öl und Gas produziert wird, kann doch zu allererst nach Gebrauch nicht als Abfall, sondern als Sekundärrohstoff verwendet werden. Abfall muss weg; also verbrennen? Nein!

Sekundärrohstoff wird wieder zu Öl und Gas und reduziert dadurch erheblich den Neuverbrauch von fossilien Rohstoffen.

Pyrolyse

Alle Produkte, die ihren Rohstoff in Form von Erdöl oder Erdgas in Verbindung mit anderen Chemikalien beziehen, werden nach Gebrauch in der Verwertung als Abfall betrachtet. Die Pyrolyse als Wissenschaft befasst sich u.a. mit der sogenannten thermischen Aufspaltung dieser Produkte im Sinne der Gewinnung von wiederverwendbaren Rohstoffen – Sekundärrohstoffen.

Neben den vielen anderen Pyrolyseanwendungen z. B. in der Raffineriewirtschaft bietet die Umwandlung von Strahlung in Elektroenergie die Chancen, die „Wegwerfgesellschaft" durch energetische Nutzung der Neutrinovoltaik® zu reformieren (siehe auch 4.4., Seite 154).

Mit der Neutrinovoltaik® wird auch ein großer Beitrag hin zur Nachhaltigkeit und dem Aufbau von „Wirtschaftskreisläufen" geleistet.

Keiner spricht über eine mögliche Einsparung von CO_2 durch den zügigen Rückbau der Müllverbrennung und der schrittweisen Einführung der Pyrolyse, um 100 % der aus Erdöl hergestellten Abfälle CO_2-frei zukünftig in Sekundärrohstoffe umzuwandeln. Praktisch könnten wir aus allen gesammelten Erdölprodukten ca. 80 % Öl wiedergewinnen und wir benötigen dann nur noch 1/4 - 1/5 des fossilen Rohstoffes, gewonnen aus den Reserven des Planeten! Das nenne ich „Wende"! Eine Zeitenwende, denn die Energie kann aus der Strahlung umgewandelt werden.

Keiner denkt bei Braunkohle an die tollen Chancen der Pyrolyse, mit der wir einerseits den Strukturwandel hin zur Produktion von Koks, Öl und Gas als Sekundärrohstoffe sowie, von Wasser aufbereitet, für industrielle Nutzung organisieren können. Andererseits soll nun der Strukturwandel in den Regionen gesichert werden – mit hohen Subventionen!

Mit 125 kg Koks (produziert aus ca. einer Tonne Rohbraunkohle) könnte man dann die gleiche Menge Elektroenergie erzeugen wie aus einer Tonne Braunkohle, denn der hohe Wasseranteil wäre im Vorprozess CO_2-frei abgespalten. Die Schadstoffe wurden um 50 - 60 %, bezogen auf 125 kg Koks bzw. ca. eine Tonne Rohbraunkohle, reduziert.

Ideologisierte Diskussionen können Deutschland an den Rand einer Elektroenergieversorgungskrise führen, wenn nicht ausreichend Grundlastenergie bei Ausfall von Wind- und Sonnenenergie verfügbar ist. Energieversorgung muss immer verlässlich sein und preiswert.

Auf die Spitze wird für deutsche Verhältnisse die Diskussion um das Elektroauto getrieben. Die hiesige Politik hat dabei zwei bekannte Sachverhalte im Auge:

1. Der Auspuff muss sauber sein; keine Abgase!

2. Der Strom kommt aus der Steckdose! Was bei fast 100 % Elektroenergie aus Wasserkraft in Norwegen ein Erfolgskonzept ist, was in Frankreich zu deutlich mehr Atommüll führt, heißt in Deutschland eine

Produktionssteigerung von Elektroenergie aus fossilen Energieträgern. Jeder fragt nun, warum? Das Elektroauto ist doch gut!

Es muss grundsätzlich angefragt werden, wie die Struktur der Energieproduktion volkswirtschaftlich organisiert ist. Dazu in kurzen Sachverhalten die Situation in Deutschland dargestellt:

1. Die erneuerbaren Energien genießen in Deutschland einen speziellen Schutz! Erzeugte Energien sind vorrangig zu nutzen. 2018 wurden erstmals über 40 % erzeugt. Also sind diese Energien schon „verbraucht", bevor sie erzeugt sind. Unter anderem ist natürlich die Frage, ob diese durch das Desaster des Netzausbaus überhaupt ankommen können!

2. 50 - 60 Liter Benzin oder Diesel können mit dem hohen Wirkungsgrad ihrer modernen Motoren im Fahrzeug so viel Elektronenergie erzeugen, wie wir aus ca. ***einer*** Tonne Rohbraunkohle durchschnittlich gewinnen können.

3. Bei ***einer*** Million Elektro-PKWs wäre die Braunkohlewirtschaft voll ausgelastet, aber die Einhaltung der Klimaziele in Deutschland deutlich von den Ziel vorgaben entfernt, denn die Energiewirtschaft hat in ihren Beiträgen zur Senkung der Klimaziele nicht berücksichtigt, dass plötzlich so viele neue Energieverbraucher für Strom aus fossilien Quellen gespeist werden müssen.

4. Frankreich nimmt den zusätzlichen Atommüll in Kauf; da sieht man die Risiken der Atomenergie anders als in Deutschland. Ich meine: Der Weg Frankreichs ist so lange gut, bis der nächste Atomunfall bekannt wird.

Der aus Funk und Fernsehen bekannte Physiker Prof. Harald Lesch zeigte in einem seiner YouTube-Videos aus der Reihe „Terra X Lesch & Co“ (Quelle: ZDF, in Zusammenarbeit mit objektiv media) eindrucksvoll wie hoch der Energiebedarf bzw. die Leistungsvorhaltung sein muss, wenn 1 Mio. E-Fahrzeuge aufgeladen werden müssen. Dies ist nahezu unmöglich, wenn man nicht den Zusammenbruch des öffentlichen Stromnetzes gefährden will.

Aus urheberrechtlichen Gründen haben wir im abgebildeten QR-Code die gesamte Folge (13:11 Min.) verlinkt. Ab Minute 6:17 ist dann oben erwähnte Auswertung von Prof. Lesch zu sehen.

Video ansehen

Erneuerbares Energien-Vorranggesetz

Der Start der Einspeisung von erneuerbarer Energie erfolgte 1991 durch das Energieeinspeisungsgesetz. Es folgten danach mehrere Novellierungen bis zum Erneuerbare-Energien-Gesetz (2016/2017). Ziel des Gesetzes ist es, den Anteil der erneuerbaren Energien bis 2035 auf 55 - 60 % zu erhöhen. Die Herkunft der EEG-Stromes war im Jahr 2011 wie folgt verteilt:

Nach EEG wird die Erzeugung von Strom aus folgenden erneuerbaren Energien gefördert (§ 3 Nr. 3 EEG):

- *Wasserkraft einschließlich der Wellen-, Gezeiten-, Salzgradienten- und Strömungsenergie*
- *Windenergie*
- *solare Strahlungsenergie (zum Beispiel Photovoltaik)*
- *Geothermie*
- *Energie aus Biomasse einschließlich Biogas, Biomethan, Deponiegas und Klärgas sowie aus dem biologisch abbaubaren Anteil von Abfällen aus Haushalten und Industrie*

Die Subventionen haben im Laufe der Jahre erheblich zugenommen.

Eine Elektromobilität, die keinen Atom- oder CO_2-Strom braucht, ist die optimale Lösung.

Eine Lösung als „Brückentechnologie“ wäre für Deutschland zum jetzigen Zeitpunkt (2020 - 2025) die Hybrid-Technologie mit „Elektrischem Fahrbetrieb“ in Ballungsgebieten, aber eigener Stromproduktion aus Benzin, Diesel, Gas usw. im Fahrzeug. Ganz zu schweigen von den Problemen der Ladestationen! Wo sollen an den Raststätten der Autobahnen so viele Plätze entstehen und wie die Stromversorgung gesichert werden? Wie lange Netzausbau dauert, wissen wir. Der Schlüssel: das Planungsrecht oder das „ewige Licht“! Die Strahlung in Energie bedarfsgerecht dezentral umwandeln: Nur das kann die Lösung werden! Und das organisieren wir auch im Elektroauto! Die inzwischen bei den geplanten Trassen von Nord nach Süd eingetretenen Probleme sollten eine Warnung sein, mit der Versorgungsstabilität nicht sorglos umzugehen.

Herkunft von EEG-Strom (2011)

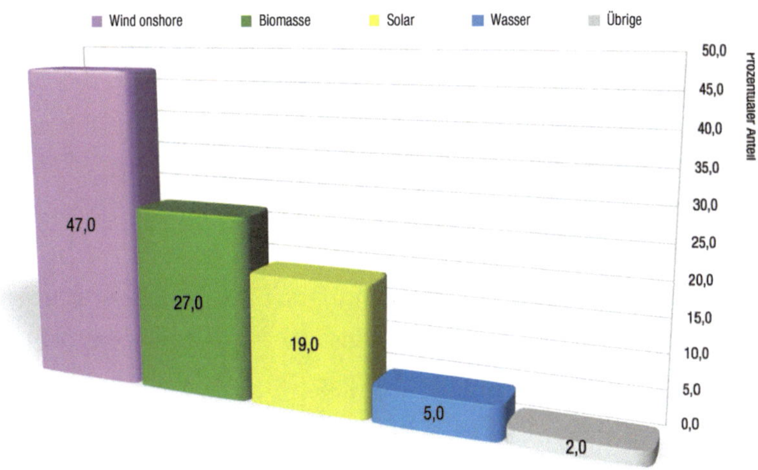

2.3. Auswertung der Situation

Selbstverständlich ist der Verfasser mit der Zielstellung an dieses Buch herangegangen, Lösungen vorzuschlagen. In den Punkten 2.1. und 2.2. sollte auch nur an drei unterschiedlichen Staaten bzw. Beispielen die Frage der Produktion von Elektroenergie und deren Wirkung auf die weltweite Strategie zur Klimastabilisierung dargestellt werden. Und die Wege dieser Staaten sind grundlegend verschieden.

Bisher ist im überwiegenden Teil der Staaten die Grundlage der Energiegrundlast entweder mit Atomenergie oder mit fossilen Brennstoffen geregelt. Beides muss durch neue, kreative Konzepte abgelöst werden, sodass die Staatengemeinschaft wirklich gemeinsam eine schrittweise Klimastabilisierung durch völlig neue, innovative Konzepte zur Realisierung von erneuerbaren Grundlastenergien als Ergänzung zur Wind- und Sonnenenergie neben der Wasserkraft und Bioenergie aufbaut. Und das kann dann staatenübergreifend organisiert werden, ohne dass politische Zwänge gelten.

Die natürliche, kosmische Strahlung ist der vom Universum gegebene, unendliche Speicher mit ca. 60 Milliarden Neutrinos pro cm^2 und Sekunde. Dieser wird je nach Standort durch künstliche Strahlungen ergänzt.

Das „ewige Licht“ wird nur möglich, weil die Strahlung umgewandelt werden kann und permanent „nachwächst“. Die Zeitenwende zur Versöhnung von Ökonomie und Ökologie kann nur durch die neue Lösung, die Neutrinovoltaik®, gelingen. ***Packen wir es gemeinsam an.***

3. Die Neutrinovoltaik®-Technologie – Utopie oder Zukunft?

Neutrinos – auch Geisterteilchen genannt – sind seit etwa 130 Jahren bekannt und diese wurden von der sogenannten Fachwelt jahrzehntelang zur Gewinnung von Energie in die Bedeutungslosigkeit verbannt. Der geniale Wissenschaftler Nikola Tesla verwies als Erster auf die Existenz dieser Teilchen; er wurde – wie üblich – mit seinen Vorstellungen und Visionen in das wissenschaftliche Abseits gestellt. Es ist schon eigenartig, dass alles immer wieder in der Wissenschaft, Wirtschaft und Politik interessenorientiert gezielt manipuliert wird.

Auch heute sind die Fragen in der Grundlagenforschung größer als die Antworten. Die Lösungen zur Klimastabilisierung sind natürlich heute mehr denn je entscheidend. Ohne grundlegend neue und alternative Innovationen im Bereich der Energiesicherung ist weder das hochentwickelte Sozialsystem noch eine Einheit von Ökonomie und Ökologie zu erreichen. Aber wie könnten die natürliche und künstliche Strahlung, und damit die Neutrinos, wirklich den wesentlichen Anteil der Energieversorgung in absehbarer Zeit übernehmen? In den folgenden Ausführungen werden Laborentwicklungen und Nachweise erläutert, die in vielen Jahrzehnten erarbeitet worden sind.

Geisterteilchen – die Neutrinos

Wie schon die Bezeichnung „Geisterteilchen“ verrät, waren diese kleinen Winzlinge mit einer unbekannten Vielfalt vor mystischen Behauptungen bis noch vor kurzem nicht geschützt; so wurde sich z. B. die Teilchenwelt mit kleinsten schwarzen Punkten auf weißem Untergrund erklärt. Auch wurden viele Hypothesen zur Wirkungsweise sowie den Ausnahmen als Teilchen unter den sonstigen Teilchen verbreitet. Zudem ist der Begriff „Neutrinos – die perfekte Welle“ eingegangen in die Beschreibungen, nachdem sogar festgestellt wurde, dass die „Geisterteilchen“ doch nicht masselos sind.

Nachdem nun die Schätzungen zur Anzahl der bei uns auf dem Planeten ankommenden Neutrinos pro Quadratzentimeter sogar ca. 60 Milliarden pro Sekunde ergeben, ist nach wie vor das einzelne Neutrino unbedingt zu erforschen. Aber noch dringender wird die Frage zu beantworten sein: Wie wird auf unserem Planeten die unendlich scheinende Zahl an Teilchen als Rohstoff für Energie nutzbar gemacht? Diese Aufgabe kann eher nur von Ingenieuren, Technologen und Technikern, denn von Physikern bewältigt werden weil das Ziel der Energiegewinnung ein anderes ist, als jedes einzelne Detail der „Geisterteilchen“ zu entschlüsseln.

Das EWIGE LICHT bedarf neuer Ideen und neuer technisch-technologischer Lösungen. Nur dann gelingt das neue Zeitalter.

Eine bedeutende Mehrheit der theoretischen Physiker – vor allem in der Teilchenphysik – lehnt eine Neutrino-Anwendung zur Energiegewinnung noch immer ab. Das ist umso erstaunlicher, da mit der Vergabe des Physiknobelpreises im Oktober 2015 an die Physiker Takaaki Kajita und Arthur McDonald sowie deren neuen Messmethoden zum Nachweis auch kleinster Massen größer ***Null*** eine Revolution hätte eingeleitet werden können. Es waren die „Geisterteilchen" ***Neutrinos***, denen mit den neuen Messsystemen eine Masse zugeordnet werden konnte. Damit wurde eigentlich die alte Lehrauffassung widerlegt; aber wie so oft haben viele Physiker sich dahinter versteckt, dass die Masse trotzdem zu klein sei. Aber wofür zu klein?

Die notwendige Frage für eine Nutzung der kosmischen Strahlung auf unserem Planeten muss aber technisch-technologisch, also ingenieurgemäß, beantwortet werden. Nun sprechen viele Wissenschaftler von Teilchen, die zu klein sind, um Energie zu gewinnen.

Dabei gilt Einsteins: ***Energie = Masse x Geschwindigkeit***^{2} nicht in Abhängigkeit der Größen der Masse – sondern immer.

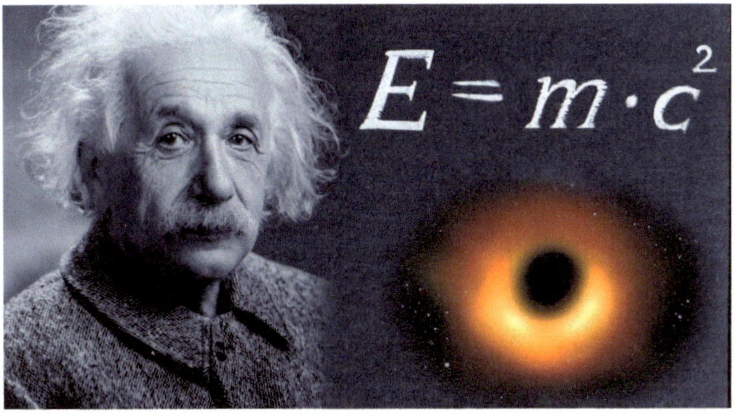

Ingenieurgemäße Denk- und Arbeitsweise

Der Begriff „Ingenieurgemäße Denk- und Arbeitsweise" soll einerseits die einzelnen Disziplinen der Ingenieurwissenschaft umschreiben inklusive der mathematisch-naturwissenschaftlichen Inhalte der Problemlösungen, andererseits ist der interdisziplinäre Charakter aus ganzheitlicher Sicht für Problemlösungen wesentlich. Die Entwicklung neuer Techniken und Technologien – auch zur Energiegewinnung – setzt voraus, dass alles Spezialwissen untergeordnet wird dem Ziel der Entwicklung, Strahlung in Energie umzuwandeln. Dabei ist Physik, Chemie, Mathematik, Verfahrenstechnik, Anlagen- und Maschinenbau, Werkstoffkunde und vieles mehr zu bewerten. Auch müssen in der interdisziplinären Lösungssuche häufig intuitive Entscheidungen getroffen werden, um die Ziele der Entwicklung zu erreichen. Die spezialisierte Grundlagendisziplin ist dann erst Jahre später in der Lage, im Detail den großen Fortschritt zu klären. Die Entwicklung der ***Neutrinovoltaik®*** *hat diesen Prozess der ingenieurgemäßen Denk- und Arbeitsweise in Verbindung mit vielen Rückschlägen, aber auch hunderten Laborversuchen mit dem Abschluss und dem Funktionsnachweis der Laborlösung erfolgreich erbracht.*

Aber wie war das eigentlich bei Galileo Galilei? Mehrere hundert Jahre hat es gebraucht, dass sich Mehrheiten bilden konnten für die Wahrheit – die Erde ist eine Kugel! Selbstverständlich müssen wesentliche Grundlagenforschungen in den nächsten Jahren unbedingt nachgeholt werden, um ein theoretisches Gerüst, ein „Handwerkzeug", zu entwickeln. Wie nach jeder Revolution in Wissenschaft und Gesellschaft gilt es praktisch und theoretisch die neue Situation zu ordnen, neue Regeln für neue Denkweisen festzulegen und einfach Gesetzmäßigkeiten zu suchen, zu prüfen und dann festzuschreiben.

Für die Entwicklung von Lösungen zur Umwandlung von Strahlung in Strom ist wesentlich, sehr dichte, feste, dünne Stoffstrukturen zu schaffen, mit denen Interaktionen zwischen Atomen (Atomkernen) und Neutrinos bzw. ähnlichen Teilchen stattfinden können. Diese Stoffe müssen Eigenschaften haben, die natürliche Materie auf unserem Planeten in dieser Form nicht haben kann. Die Herstellung der neuen Stoffe (Metastoffe) wird später beschrieben. Aber dies kann doch einer Entwicklung zur Nutzung der Energie, die „vom Himmel" kommt, keinen Abbruch leisten, zumal die Menschheit insgesamt die Herausforderung zur Klimastabilisierung erst jetzt beginnt zu begreifen – jedenfalls ein Großteil der Staaten. Das ist die Chance für das „ewige Licht" – die Versöhnung von Ökonomie und Ökologie.

Die weltweit vernetzten Unternehmen um die Neutrino Deutschland GmbH arbeiten an der Idee, einen Teil der Neutrino® Bewegungsenergie bei der Umwandlung von Strahlung in Elektrizität zu nutzen. Wie immer sind bei neuen, revolutionären Entwicklungssprüngen die Kritiker anfangs in der Überzahl. Das erfolgt im Kleinreden und im Anzweifeln des jeweiligen Entwicklungsstandes. Wenn das nicht reicht, werden Mängel an Personen gesucht und öffentlich gemacht. Die „moderne" Hinrichtung neuer Ideen wird durch gezielte, negative Öffentlichkeitskampagnen organisiert. Das nervt die Betroffenen und häufig werden so notwendige Neuentwicklungen verlangsamt oder sogar gänzlich gestoppt. Das hat weder etwas mit Meinungsfreiheit noch mit Wissenschaft zu tun. Es sollen nur die „alten" Hüte geschützt werden ohne Rücksicht auf die Nutzung von Ideen für aktuelle Probleme und notwendige Zukunftsstrategien.

In Stalinistischen Diktaturen waren solche Aktionen unter dem Begriff der „Zersetzung" zusammengefasst. Eigentlich haben Geheimdienste diese Methoden sich zu Eigen gemacht.

Um das Verständnis für die entwickelte Lösung der „Neutrino® Technologie" zu vereinfachen, soll in diesem Buch die Herangehensweise als ingenieurgemäße Denk- und Arbeitsweise erläutert werden und es ist der jetzige Entwicklungsstand im Übergang von der fertigen Laborentwicklung zum vorindustriellen Stadium vorzustellen.

Kleine und große Massen

Die schreckliche Katastrophe, die durch den Atombombenabwurf in Hiroshima angerichtet wurde, hat eine Technologie der Kernspaltung als „technisch-technologische Neuerung“ mit schrecklicher Entfaltung von Wärme und Druckwellen gehabt. Der Leser wird überrascht sein, wenn ich darauf hinweise, dass die Masse nur 0,6 Gramm Uran hatte. Kleinste Massen können auch verhältnismäßig große Wirkungen haben! Die notwendige Frage für eine Nutzung auch kleinster Massen ist also auch von den Technologien, die Massen bearbeiten, zu beantworten.

Und an dieser Stelle spielt die große Anzahl an Teilchen, die auf unserem Planeten pro Sekunde ankommen, eine Rolle. Es werden pro Atom viele Neutrinos „gebündelt“, die dann einen Teil der Energie dem Atom durch Interaktion übertragen.

Nun wird der Planet nicht viele hundert Jahre warten können, bis der Letzte verstanden hat, wie es funktioniert. Außerdem ist unser Leben schneller geworden und die Kommunikation wird dafür sorgen, dass die Funktionsfähigkeit, die nachgewiesen ist, sich durchsetzen wird. Durch Pilotlösungen werden dann auch die Zweifler überzeugt werden können und die Diskussion zur Nutzung der Technologie wird helfen, diese umzusetzen.

Das schrittweise Herantasten an die Lösungen der Probleme der Umwandlung von natürlicher, kosmischer und künstlicher Strahlung wurde erreicht, indem sehr preiswerte Rohstoffe (Graphen, Silizium) und als metallischer

Träger einfache Aluminiumfolie genutzt wurden. Die neue, ständig verfügbare, erneuerbare Energie muss – unter industriellen Bedingungen hergestellt – sehr preiswert sein. Als „Laborstandard" wurde ein A4-Format als metallischer Träger benutzt.

Um das Ergebnis vorwegzunehmen: Eine mit Graphen und Silizium beschichtete Alu-Folie im Format DIN A4 kann zwischen 2,5 - 3,0 Watt Leistung permanent aus Strahlung in Strom umwandeln.

A4-Folie, beschichtet

Eine schematische Darstellung der Herstellungsprozesse von Neutrinovoltaik® – Kraftwerken wurde im Kapitel 2, Seite 32, dargestellt. Um schrittweise in das Grundprinzip einzudringen, wird nun eine einzige Folie beschrieben. Die schematische Abbildung zeigt die sechs Doppelschichten aus aufbereiteten Nanopartikeln von Graphen und Silizium mit einer jeweiligen Schichtstärke zwischen 10 - 20 nm pro Schicht.

Wie bereits beschrieben, hat die Neutrinovoltaik® im Anliegen der Umwandlung von Strahlungsenergie in Strom eine Ähnlichkeit mit der Photovoltaik. Allerdings werden bei der Photovoltaik die Photonen in Strom komplett verarbeitet, während in der Neutrinovoltaik® auf Grund der sehr engen Stoffstrukturen Interaktionen von vielen Teilchen (Neutrinos) pro Atom erzwungen werden. Nach Schätzung der führenden Experten der Neutrino® Unternehmen sind dies ca. 60 - 100 Teilchen pro Atom pro Sekunde, die ca. 30 - 50 % der Energie übertragen. Das führt zu spürbaren Schwingungen (Elektronenmikroskop).

Es sei darauf hingewiesen, dass die Annahme vieler Kritiker der Technologie falsch ist, dass einzelne Neutrinos „eingefangen“ und verarbeitet werden.

Die Summe der Massen von 60 - 100 Teilchen und deren teilweise Abgabe der Bewegungsenergie pro Sekunde pro Atom ist der Kern der Energiegewinnung, die Summe Bewegungsenergien vieler Teilchen pro Atom!

Für die Herstellung sind im Labor lange Zeiten manueller, präziser Arbeit erforderlich, die unter Industriebedingungen automatisiert werden müssen. Daran wird gegenwärtig gearbeitet, sodass pro Stunde zukünftig 100 Folien produzierbar sind, die dann auch in Modulen (Cube´s) bis zu 100 Stück gepackt werden (jetzige Zielstellung!). Dieser Automat ist eine Automatisierung der Laborarbeit und wird im Punkt 4.1., Seite 132 näher beschrieben! Es ist nicht die fertige Industrielösung, sondern das Pilotprojekt zur Automatisierung der Beschichtung der metallischen Träger.

Vereinfachte Darstellung der Folienbeschichtung und die Stromerzeugung durch Neutrinoeinfall

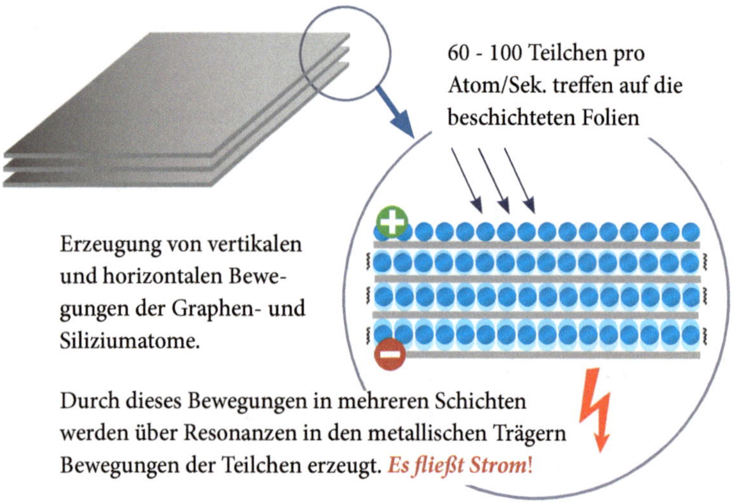

Module oder CUBE´s

In der Neutrinovoltaik® haben sich gegenwärtig beide Begriffe für das „Packen von stromführenden, beschichteten, metallischen Stoffen" etabliert. In der Elektrotechnik ist ein Modul eine Baugruppe mit einer geschlossenen Funktion, die sich einfach komplett austauschen lässt. Ähnliches gilt für Hard- und Software für Bau- und Funktionsgruppen am Computer.

Die fantastische Realität der Neutrinovoltaik® gegenüber der Photovoltaik ist die Möglichkeit des Erreichens relativ großer Leistungen auf einer verhältnismäßig kleinen Fläche. Diese Eigenschaft ist nur möglich, da von den 60 Milliarden Neutrinos pro cm² und Sekunde etwa 60 - 100 Millionen Neutrinos Energie durch Interaktionen zwischen Atomkernen und Neutrinos abgehen. Das sind nur 1 - 2 Promille der Teilchen, die in dem Augenblick der Abgabe verfügbar, aber trotzdem eine deutliche Menge pro Atom sind.

Die folgende Abbildung auf Seite 94 zeigt einen solchen Stapel, der im wesentlichen vier Elemente aufweist:

1. *metallische, beschichtete Träger,*
2. *Ölpapier – Trennrahmen, die zwischen die metallischen Träger gelegt werden,*
3. *kupferbeschichtete Plastikfolie, mit der das Modul/Cube eingeschweißt wird und*

4. *die betreffenden Kabel, um die Module zu Kraftwerken zu verknüpfen.*

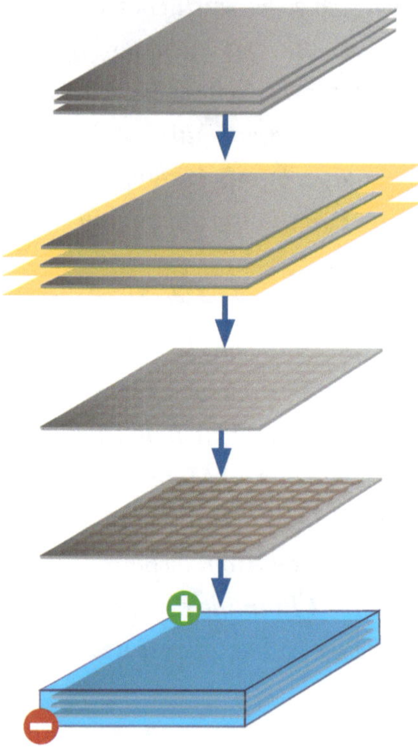

Auf der Fläche eines DIN A4-Untergrundes werden dadurch 250 - 300 Watt Stunden produziert, wenn ca. 100 beschichtete metallische Träger verbaut werden. Wird ein A4-CUBE auf einen Quadratmeter hochgerechnet, so ergibt sich eine permanente Leistung von ca. 3 - 3,6 KWh. Eine große Menge dezentral erzeugter Energie wird so nutzbar. Genau dies ist im Jahr 2020/2021 die Aufgabe im vorindustriellen Prozess, dass so zukünftig Kraftwerke dezentral funktionieren können.

3.1. Die Neutrinos besitzen eine Masse

Die Neutrinos wurden Jahrzehnte als masselose Teilchen von der theoretischen Physik angesehen und als physikalische Sonderlinge deklariert, weil man es nicht besser wusste. Die Verleihung des Physik-Nobelpreises an die Physiker Takaaki Kajita aus Japan und Arthur McDonald aus Kanada im Herbst 2015 war für die Diskussion über die Neutrinos ein unüberhörbarer Paukenschlag, denn es gelang sehr präzise Messverfahren für kleinste Massen zu entwickeln.

Als Beispiel für diese Messverfahren wurden Neutrinos gewählt. Die Sensation war perfekt; die Neutrinos wurden früher als masselose Teilchen eingeordnet, ***weil die Messverfahren zu ungenau waren***. In der evolutionären Entwicklung der Wissenschaft auf unserem Planten sind häufig Entdeckungen und Erfindungen gelungen, weil man durch alternative Messsysteme das Wissen sprunghaft qualifizieren konnte. ***$E = m \times c^2$, Einsteins Energieformel galt nun auch für die Neutrinos.***

Prof. Dr. Arthur McDonald

Der Nobelpreisträger für Physik, Prof. Dr. Arthur McDonald weilte als Gast zu einem Vortrag an der Technischen Universität Dresden.

Der CEO der Neutrino Deutschland GmbH, Herr Holger Thorsten Schubart, hatte Gelegenheit am Rande der Veranstaltung den Nobelpreisträger zu sprechen.

Ohne Frage war die Entwicklung neuer Messverfahren zum Nachweis auch kleinster Massen ein Start „in die Zeitenwende" und eine Unterstützung unserer Arbeit zur Nutzung der Strahlungen für das „ewige Licht".

Auch wenn im Herbst 2015 schon die Folienentwicklung kurz vor dem Abschluss war, ist unser Team – die gesamte Gruppe – bereits vorher davon ausgegangen, dass Neutrinos nicht masselos sein können auf Grund der im Labor festgestellten Leistungen an beschichteten Aluminiumfolien.

Natürlich sind Massen – auch wenn diese noch so klein sind und über eine hohe Geschwindigkeit verfügen – eine Energie. Nach Einstein unterscheidet man nicht nach kleinen oder großen Massen, kleiner oder großer Geschwindigkeit. Wesentlich ist, dass bei Interaktionen zwischen den Teilchen der Strahlung und den Atomkernen Energien übertragen werden, sodass die Atome in zusätzliche Schwingungen versetzt werden. Das bedeutet bei einer ingenieurgemäßen Denk- und Arbeitsweise nur, dass bei geeigneten technisch-technologischen Lösungen immer die „Masse"-Bewegungsenergie auf einen Körper (Atom) übertragen werden kann, wenn:

1. der in Bewegung befindliche Körper in seiner Flugbahn auf ein anderen Körper treffen kann,

2. durch die Kollision die Übertragung eines Teils der Bewegungsenergie ermöglicht wird und

3. bei Neutrinos sogar ca. 60 - 100 Neutrinos pro Sekunde mit einem Atom in Interaktion treten, weil die aus den Nanopartikeln gefertigten, sehr dichten Graphenstoffstruktur „sich in die Strahlungswege" stellen.

Interaktion

Im Allgemeinen wird das aufeinander bezogene Handeln zweier oder mehrerer Beteiligter als Interaktion verstanden. Diese Wechselbeziehungen zwischen dem Graphenatom (Kern) und ca. 60 - 100 Neutrinos pro Sekunde kann die relative Energieübertragung gut begründen.

Wichtig ist, dass Einsteins Gesetz nicht die Masse in der Interaktion meint, sondern technologisch abhängig viele kleine Massen dann in Bezug auf ein Atom eine Wirkung veranlassen, die nicht mit der Energiegröße eines Neutrinos verwechselt werden darf.

Nun mussten Physiker, Chemiker, Ingenieure und Mathematiker an dem Thema interdisziplinär arbeiten. Und wieder gab es einen Paukenschlag!

Im Frühjahr 2017 konnte die Universität Chicago (nach mehr als 40-jähriger Forschung) mitteilen, dass unter bestimmten Bedingungen eine Kollision mit der Übertragung eines Teils der Bewegungsenergie der Neutrinos auf Atome gelungen ist und in einem Detektor sichtbar gemacht werden kann.

Detektor Uni Chicago

Im Fachmagazin „Scinexx" haben Wissenschaftler der Uni Chicago mitgeteilt, dass die Rückstreuung von Neutrinos am Atomkern in einem eigens entwickelten Detektor gelungen ist. Nach 43-jähriger Forschungsarbeit ist damit ein Durchbruch zum Nachweis von Wechselwirkungen der „Geisterteilchen" (Neutrinos) mit Atomen gelungen.

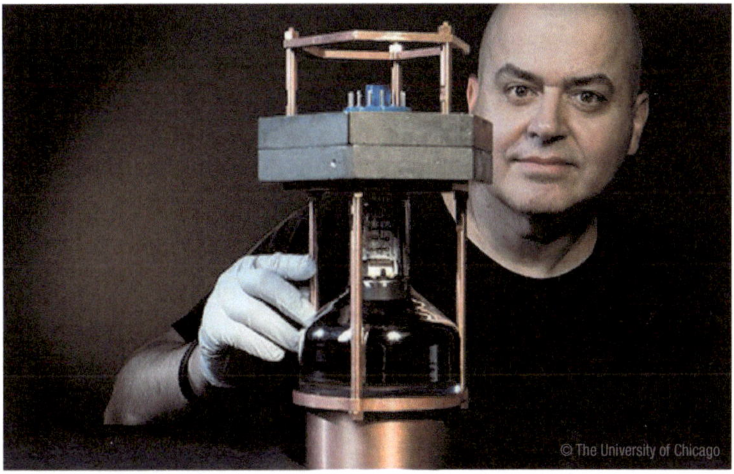

Dieser Erfolg ist deshalb so interessant, weil nach dem Nachweis der „Masseeigenschaften" der Neutrinos durch die Physiker Takaaki Kajita aus Japan und Arthur McDonald aus Kanada und der Verleihung des Physik-Nobelpreis es nun ein praktischer Beweis in einem Detektor der Größe eines „Schuhkartons" gelungen ist. Diese Meldung war eine wunderbare Bestätigung unserer bisherigen Neutrino® Forschung.

Das Team war glücklich, dass auch dieses wissenschaftliche Grundlagenergebnis die Theorie unserer Neutrino® Forschung manifestierte und das eingereichte Patent bestätigte.

3.2. Die notarielle Bestätigung der Energieproduktion nach Patent

Im September 2018 wurde eine Folie mit einer Abmessung von 30 cm x 21 cm, 630 cm^2, die nach dem Patent Nr. WO2016142056 hergestellt wurde, bei dem Notar Martin Wörle in seinem Büro übergeben und vorgeführt (siehe Anlage 7.2., Seite 199).

Ziel der Vorführung bei dem Notar war es, den Nachweis der Stromproduktion unter notariellen Bedingungen festzustellen. Die Urkunde sollte als rechtskräftige Bestätigung für die Stromproduktion aus natürlicher und künstlicher Strahlung ein gerichtsfestes Dokument sein. Auf Grund der Bedeutung dieser Urkunde für den Beweis der Funktionsfähigkeit wird diese als Anlage 7.2. (Seite 199) veröffentlicht. Diese Urkunde fand bei unterschiedlichen Interessenten große Beachtung und sichert nun die Grundlage der Neutrinovoltaik®-Beschichtung Version 1 als Dokument auch gerichtsfest.

Um die Leistungsfähigkeit des stromführenden, beschichteten Materials nachzuweisen, waren während der Vorführung verschiedene Eigenschaften zu prüfen, die von einem Labormitarbeiter kontinuierlich bei der Vorführung dann operativ getätigt wurden. So wurden relativ kleine Stücke aus der beschichteten Folie ausgeschnitten, um experimentell nachzuweisen, dass es gravierende Unterschiede zwischen der Photovoltaik und Neutrinovoltaik® gibt.

Hoch interessant für die weitere Entwicklung ist der Umstand, dass, wenn bei dreifacher Überlagerung 3 Teile á 3 cm x 3 cm in Reihe geschalten sind, der Notar nahezu eine Verdreifachung der Leistung feststellen konnte. Dieser Umstand ist zurückzuführen auf die neue Technologie. Nur ein Teil der Bewegungsenergie von etwa einem bis zwei Promille der Neutrinos geben Energie ab, fliegen dann weiter, werden nicht eingefangen. Die Vervielfältigung der Leistung auf einer Fläche ist ein entscheidender, strategischer Vorteil der Neutrinovoltaik® im Vergleich zur Photovoltaik. Die Teilchen interaktieren, erzeugen zusätzliche Schwingungen, die mit geeigneten Techniken und Technologien auch geschichtet in Elektrizität umgewandelt werden. Metallische Trägerschichten werden dann zur Teilchenbewegung durch Resonanzen angeregt.

Die Teilchenbewegung in einer Spule innerhalb eines Magnetfeldes ist ein ähnliches Prinzip und wir nennen dieses Gerät „Generator“. Beim Generator wird allerdings die Spule im Magnetfeld gedreht und so entstehen die Teilchenbewegungen!

Generator

Vereinfachte Darstellung eines Generators

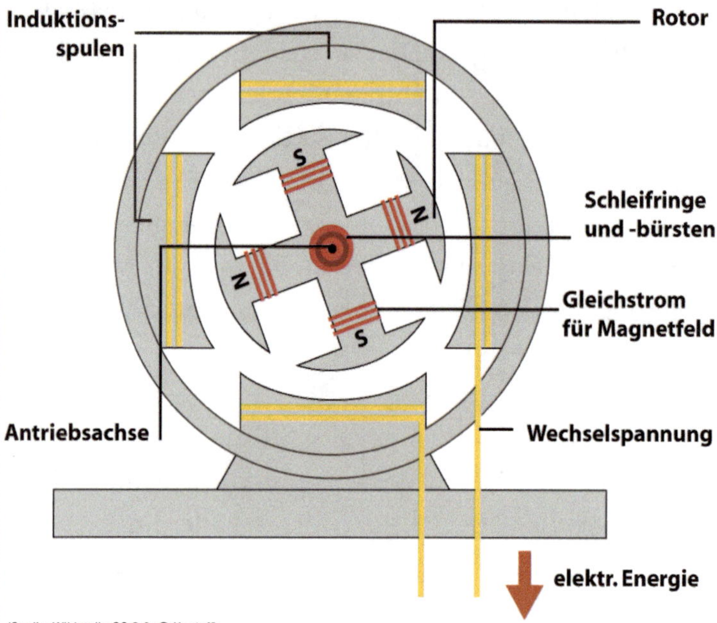

(Quelle: Wikipedia CC 2.0, @ Kuntoff)

Der Generator ist eine elektrische Maschine, die durch Drehbewegungen mit Hilfe einer elektromagnetischen Induktion eine mechanisch erzeugte Energie in einer Spule in Teilchenbewegungen umwandelt; die Bewegung nennen wir elektrischen Strom, der in anderen Geräten (z. B. Motor) dann wieder durch gleiche, entgegengesetzte Prinzipien in mechanische Energie oder in einer Leuchte in Licht etc. umgewandelt werden kann. Natürlich sind in den letzten ca. 200 Jahren die unterschiedlichsten Generatoren für spezielle Anwendungen entwickelt worden, die ihren mechanischen Antrieb, wie vorher erläutert, über Produktionsketten sichern.

Die Neutrinovoltaik® hat in dem Versuch bei dem Notar letztlich bei der Stromerzeugung im wesentlichen drei Elemente nachgewiesen:

1. Die Drehbewegung des Generators ist bei der Umwandlung von Strahlung die Bewegung durch den Neutrinostrahl – die „Strahlung ansich"!

2. Dieser Neutrinostrahl erzeugt im Mikrokosmos des verdichteten Graphens vertikale Schwingungen, die wiederum in der Stoffkombination mit Silizium zu horizontalen Teilchenbewegungen führen.

3. Durch eine geeignete geometrische Anordnung von 6 x 2 Schichten auf dem metallischen Träger entstehen durch Resonanzen Teilchenschwingungen im metallischen Träger, die wir Strom nennen.

Das zukünftige Konzept der Module bzw. Cup´s mit bis zu 100 metallischen Trägern (300 Watt/h) ist durch drei übereinander gepackte, in Reihe geschaltete, 9 cm^2 große, beschichtete, metallische Träger vorgeführt als kleine Laborlösung und dokumentiert mit einer einfachen Vervielfältigung den Unterschied zur Photovoltaik. Die Neutrinovoltaik® wird bei weiterer, industrieller Entwicklung pro Fläche ein Vielfaches an Leistung gegenüber der heutigen Photovoltaik erzeugen und das sogar ganztätig, auch bei Dunkelheit.

Eine gigantische Veränderung ist damit in Zukunft bei der Umwandlung von Strahlungen in Energie gegeben:

1. Da die Neutrinos nur zu etwa 1/00 - 2/00 (60 - 100 Millionen von mindestens 60 Milliarden pro cm^2 und Sekunde) mit Atomkernen des Graphen interaktieren, also einen Teil ihrer Energie übertragen, sind ca. 99,9 % der Neutrinos in diesem Vorgang nicht beteiligt und verfügen nach wie vor über 100 % ihrer Energie. Von daher ist eine Interaktion in den weiteren Schichten nicht nur möglich, sondern auch definitiv gegeben.

2. Diese außergewöhnlichen Energiereserven, die in Summe pro m^2 und Sekunde beträchtlich sind, können gegenüber der Photovoltaik bereits bei der 1. Generation der Beschichtung des metallischen Trägermaterials durch die „Mehrschichtennutzung" wesentlich höhere energetische Leistungen erzielen als die zurzeit handelsüblichen Photovoltaikmodule und das insgesamt 24 Stunden ständig im Jahr.

Mit dieser Energieausbeute sind für Kleinstkraftwerke pro m^2 am Anfang für diese Nutzungsfläche (1 m^2) bzw. Einzugsbereiche von Neutrinos minimal 3 - 4 KWh Leistung garantiert gegeben. Das „ewige Licht" ist dann in der Lage, nicht nur zu leuchten, sondern unterschiedlichste, dezentrale Versorgungsaufgaben durch permanente Umwandlung von natürlicher und künstlicher Strahlung in Strom zu sichern.

Schichtung der metallischen Träger

Die Nutzung der Photonen aus dem Licht wird in den Zellen bei der Photovoltaik komplett erreicht. Das ist bei der Neutrinovoltaik® nicht der Fall, denn, in mehreren Schichten angeordnet, können die am Durchdringen durch die Atomkerne gehinderten Neutrinos weiterfliegen in die nächsten Schichten. Außerdem hat der weitaus größte Teil der Neutrinos nach Durchfliegen der ersten Schicht noch beinahe zu 100 % der Eigenenergie. Es wird geschätzt, dass ca. 10 - 15 % der 60 Milliarden Neutrinos pro Quadratzentimeter und Sekunde einen Teil ihrer Energie bei 100 Trägerfolien abgeben. Natürlich ist es ein großer Fehler, dass uns stellt wird, wir „fangen" Neutrinos ein. Das ist der große Irrglaube, der aus der Erfahrung der Photovoltaik abgeleitet ist.

Das Schichtprinzip hätte bei dem Notar mit der Photovoltaik nicht funktionieren können, weil die technisch-technologischen Lösungen vom Ansatz her einer anderen Denk- und Arbeitsweise entsprechen.

Mit dieser Urkunde wird die Version 1 der Beschichtung nach dem Patent eingeführt und es ist nun die Laborarbeit zu automatisieren, um den Aufwand im Labor bei der Produktion der Folien drastisch zu reduzieren. Ziel ist es, einen Automaten zu konzipieren, der in der Lage ist, ca. 100 Folien pro Stunde zu produzieren, um dann durch Reihenschaltungen deutlich höhere Leistungen zu erzeugen! Die Konzeption von Modulen mit einer höheren Leistung kann dann beginnen! Zur Information ist die Patentanmeldung in Anlage 7.2. (Seite 199) veröffentlicht. Damit wird die

Grundlage gelegt, dass das „ewige Licht" überall auf unserem Planeten nutzbar ist. Die Industrie ist dann am Zug, um mit einem neuen Energiesystem Ökonomie und Ökologie zu versöhnen! Nur gemeinsam können wir die Zeitenwende erreichen.

3.3. Beschreibung der Funktionsweise der Folien im Versuch beim Notar

Die revolutionäre Nachricht ist: Im Labor wird durch die Masse der Neutrinos und deren Bewegungsenergie Strom gewonnen und das ist nun auch notariell beurkundet; dabei ist die große Menge an Neutrinos entscheidend.

Warum ist das gelungen? Die Traditionalisten in der theoretischen Physik haben seit Jahrzehnten die Energiegewinnung mit Hilfe von Neutrinos ausgeschlossen.

Die Entwickler der Neutrinovoltaik® wurden belächelt, verhöhnt, beschimpft und mit Strafanzeigen bei deutschen Staatsanwaltschaften überzogen. Die Behörden sind teilweise intensiv mit Befragungen an Dritte, z.B. Banken, vorangegangen, was bei Banken auf Grund deren Allgemeinen Geschäftsbedingungen zu Irritationen führte und erhebliche Verzögerungen zur Folge hatte, weil vorhandene Finanzierungen trotz Verträgen nicht ausgezahlt wurden.

Das sind Tatsachen, die der Leser wissen muss, wie eine Entwicklung, die riesige Problemstellungen in verschiedenen Bereichen versucht zu lösen, behindert wird. Im Umkehrschluss muss die Frage gestellt werden: Ist es gewollt, das diese Energieprobleme nicht gelöst werden sollen?

Aber seit dem Nobelpreis für Physik im Jahr 2015 mit neuen Messverfahren für kleinste Teilchen wurde ***erstmals*** begründet, dass Neutrinos eine Masse nahe Null haben; aber die Behauptung, sie haben keine Masse, ist widerlegt.

Wie häufig in der Evolutionsgeschichte der Menschheit und Wissenschaft waren die bisherigen Messmethoden nicht genau genug. Und so sind durch Messfehler Irrtümer erklärbar, die eine frühere Entwicklung der energetischen Nutzung von Strahlung zum Aufbau erneuerbarer Lösungen zur Energiegewinnung ausgeschlossen haben. Durchaus menschlich zu verstehen ist natürlich auch, dass die Traditionalisten ein „Beharrungsvermögen auf alten Behauptungen" entwickelt haben und nicht sofort die revolutionären, neuen Erkenntnisse annehmen wollen. Ein Teil dieser „Experten" sagt nun: Die Masse ist zu klein!

Seit an der Universität in Chicago Detektoren entwickelt sind, die beweisen, dass Neutrinos in der Lage sind, Atome in Bewegung zu versetzen, ist die seit Frühjahr 2015 durch die Neutrino Deutschland GmbH entwickelte Theorie nachgewiesen.

Die Neutrino® Unternehmen und die Energiebegründung vom März 2015

Wenige Monate vor der Vergabe des Nobelpreises für Physik im Herbst des Jahres 2015 für Herren Takaaki Kajita und Arthur McDonald wurden Messungen bei beschichteten, metallischen Trägern durchgeführt, die einen Energiefluss ergaben.

Schon seinerzeit wurde öffentlich darauf verwiesen, dass die Strahlungen durch die Teilchen (insbesondere Neutrinos) über ihre – wenn gleich sehr kleine Masse – den Graphenatomkernen einen Teil der Bewegungsenergie übertragen müssen und dadurch zusätzliche Schwingungen entstehen, die in Verbindung mit Silizium dann zum Stromfluss führen. Die Reaktionen der sogenannten Experten waren nur durch herabwürdigende Bemerkungen, Beschimpfungen und sogar den Vorwurf krimineller Machenschaften gekennzeichnet.

*War das nicht bei Galileo Galilei ähnlich? In der heutigen Zeit unternehmen, angeregt durch „Experten", die Medien die Verunglimpfung der Betroffenen. Als dann im Herbst der Nachweis gelang, das Neutrinos Masse haben, haben viele Experten dann die Meinung vertreten, dass diese Masse unbedeutend wäre! Sie haben anscheinend nicht verkraftet, dass sie bereits vorher falsch lagen. Aber 60 Milliarden Neutrinos auf einem Quadratzentimeter, jede Sekunde, erzeugen mit einer geeigneten Technologie dann schon eine spürbare Energie. Wie heißt der Spruch: **„Masse macht Kasse!"***

So kann das ewige Licht leuchten und die Menge der Teilchen ist wesentlich.

Einfach beschrieben, erklärt sich die „Neutrino® Energierevolution“ wie folgt:

1. Das Vorbild in der Anwendungslogik ist die Windmühle (Windkraftwerk). Es wird der Wind nicht eingefangen, sondern die Bewegungsenergie wird über die Rotorblätter, die sich in den Weg des Windstromes stellen, zur Bewegung eines Generators übertraen, sodass der in Teilen „genutzte Wind“ die Windströmung langsamer macht. Bei der Photovoltaik werden die Teilchen (Photonen) verarbeitet. Das ist Unterschied zur Neutrinovoltaik®.

2. Pro Sekunde kommen auf jeden Quadratzentimeter auf unserem Planeten 24 Stunden am Tag mindestens 60 Milliarden Neutrinos pro Sekunde an. Das sind pro Minute 3600 Milliarden pro Quadratzentimeter und pro Stunde 216 000 Milliarden Teilchen. Also pro Tag 5 184 000 Milliarden Neutrinos. Aller dings gibt es keine einfachen Möglichkeiten mit natürlichen Stoffen unseres Planeten diese Neutrinos aufzuhalten und für schnelle Energieanwendungen nutzbar zu machen. Hier muss eine neue, innovative, ingenieurgemäße Denk- und Arbeitsweise einsetzen, um Strahlung in Energie umzuwandeln. Es sind geeignete Stoffe zu entwickeln.

3. Eine Stoffstruktur ist nun so zu entwickeln, dass die Atome den Neutrinos „im Wege stehen“ und so die Atome durch Neutrinos in Schwingungen versetzt werden. Also wie der Wind einen Teil seiner Bewe-

gungsenergie abgibt, ist das die Voraussetzung zur energetischen Nutzung dieser kosmischen Strahlung. Je enger die Atome künstlich gepackt „im Wege stehen", umso größer können die Schwingungen und der Energieertrag werden, denn viele Neutrinos treffen jedes Atom.

4. Die „dichten" Stoffe werden aus Nanopartikeln, die als ein Ergebnis nanotechnologischer Stoffmanipulationen dann als künstliche Stoffstruktur dichter zu sammengesetzt werden, geschaffen. Dieser Stoff ist dichter und härter als Diamanten. Wir nennen solche Stoffe „Metastoffe", da diese nicht als natürliche Materie vorkommen.

5. Konkret werden Silizium und Graphen verwendet und in mehreren Schichten mit Dicken im Nanobereich aufgetragen. Auf einem Trägermaterial (im Labor Alufolie) wird abwechselnd zuerst Silizium, dann Graphen usw. aufgetragen (wie im Patent beschrieben). Die Summe aller Schichten ist deutlich kleiner als ein Mikrometer.

6. Die Graphenpartikel werden in jeder Schicht in vertikale Bewegungen versetzt, die die Siliziumpartikel in jeder „Doppelschicht" in horizontale Bewegungen versetzen. Im Labor ist in sehr vielen, jahrelangen Versuchen festgestellt worden, dass mehrere Doppelschichten dann die horizontalen Bewegungen im Silizium durch „RESONANZ" intensiv auf das stromführende Trägermaterial übertragen.

7. Der Stromfluss wird als „Plus-Pol“ auf der beschichteten Seite der metallischen Trägerschicht dargestellt; die nicht beschichtete Seite ist der „Minus-Pol“.

8. Mit den im Labor gemessenen Spannungen und Stromstärken gehen wir gegenwärtig davon aus, dass ca. 1-2/1000 Neutrinos, also ca. 60 - 100 Millionen pro Sekunde und Quadratzentimeter einen Teil der Bewegungsenergie abgeben! Diese Größe hängt von der Laborbeschichtungsqualität ab.

9. Auf beschichteten Aluminiumfolien der Größe A4 konnten so ca. 2,5 - 3,0 Watt-Stunden Leistung erzeugt werden.

10. Die Skalierung in Kleinstkraftwerken wird gegenwärtig vorbereitet, indem ein Folienautomat die bisherige, aufwendige Laborbeschichtung automatisiert. Das Ziel ist 2500 Folien in 24 Stunden zu produzieren, die dann in ein Modul (Reihenschaltung) gepackt werden können. Ob 10, 20, 50 oder 100 Folien ein effizientes Modul ergeben, müssen nach Fertigstellung des Folienautomaten die Tests ergeben und sie werden für Anwendungsfälle dann verschieden anwendbar sein.

11. Nach unseren bisherigen Erfahrungen können in einem „Pilotenkoffer“ (Handgepäckgröße im Flugzeug) so viele Folien unterbracht werden, dass zwischen 4,5 und 5,5 kWh netto erzeugt werden. Diese

Kleinstkraftwerke werden dann Strom permanent produzieren, der z.B. in Elektroautos während der Fahrt und im Stand Strom produziert und den Antrieb neben einer kleinen Batterie sichert.
Durch den „Pilotenkoffer“ befindet sich im Fahrzeug eine Art „kleine Ladesäule“, die in der Lage ist, homogen Strom zu liefern. Eine kleine Batterie wird z.B. beim Abbremsen oder im Stand nachgeladen und bei der Beschleunigung (heterogener Betrieb) wird zusätzlich Strom gezogen (siehe Kapitel 4.5 – Elektromobilität, Seite 160). Die Fragen der zukünftigen Mobilität durch die Nutzung der natürlichen und künstlichen Strahlung ist ein wichtiger Teil der Zukunft ohne CO_2 und Atommüll!

12. Wie bei allen neuen technischen Lösungen ist zum Anfang der Entwicklung nicht die gesamte Breite der Einsatzmöglichkeiten sofort für jeden erkennbar. Das war bei allen Entwicklungen so; deshalb sind natürlich Traditionalisten immer am Anfang einer Entwicklung in der Mehrheit als skeptische „Fachleute“ dabei, die alles in Frage stellen.

Metastoffe

Eine wissenschaftlich ausgewogene und fundierte Definition ist für Metastoffe noch nicht gefunden. An manchen Stellen der Veröffentlichungen wird deshalb bei neuen Stoffstrukturen von „Metastoffen" gesprochen.

Aus Nanopartikeln von Graphen- und Siliziumatomen werden Stoffe geschaffen, die völlig neue Eigenschaften und Qualitäten haben. Beispielsweise werden diese hauchdünnen Stoffkombinationen in Laboren mit Hilfe der Nanotechnologie hergestellt.

Presseartikel
in der CISION / PRNewswire
Berlin, 15. Mai 2020

Die Neutrino® Energy Group bleibt zuversichtlich, dass nicht sichtbare Teilchen wie Neutrinos bald die elektronischen Ge-

räte der Welt dauerhaft mit Energie versorgen werden. Bevor diese ultimative nachhaltige Energietechnologie jedoch realisierbar wird, müssen die Geräte effizienter werden.

Die Neutrino® Energy Group hat ein Metamaterial entwickelt, das aus Schichten von ultradünnem Graphen und Silizium besteht.

Transistoren sind die Hauptkomponenten innerhalb von Geräten, die mit der Nutzung von Elektrizität umgehen, und vor kurzem gab das Nanoelectronic Devices Laboratory (Nanolab) bekannt, dass seine Forschung an supereffizienten Transistoren Früchte getragen hat. Mit einer neuen Generation hocheffizienter Transistoren werden elektronische Geräte viel weniger Energie verbrauchen und den Weg in das kommende Neutrino® Zeitalter ebnen.

Elektronische Geräte verschwenden zu viel Energie

Im Laufe der Jahre haben die Verbraucher vielleicht bemerkt, dass Geräte wie Laptops, Desktop-Computer und Geräte allmählich weniger Energie verbrauchen. In den meisten Fällen haben sich diese entscheidenden Innovationen jedoch unter der Oberfläche des Verbraucherbewusstseins vollzogen, obwohl eine erhöhte elektrische Effizienz direkte und unmittelbare Vorteile bietet.

Die fortschreitende Entwicklung der Transistortechnologie hat den Stromverbrauch von elektronischen Geräten immer weiter gesenkt, aber unsere Geräte sind immer noch bei weitem nicht so effizient, wie sie sein könnten. Führende Experten gehen davon aus, dass der Stromverbrauch elektronischer Geräte um mehrere Größenordnungen gesenkt werden könnte, und verbesserte Transistoren werden die Effizienz der Geräte weiter steigern, bis die Elektronik nur noch winzige Bruchteile ihres derzeitigen Strombedarfs verbraucht.

Neutrinovoltaik® wird neue supereffiziente Geräte antreiben

Die Neutrino® Energy Group hat ein Metamaterial entwickelt, das aus Schichten von ultradünnem Graphen und Silizium besteht. Wenn dieses Material auf ein metallisches Substrat geklebt wird, vibriert es, wenn es von Neutrinos und anderen nicht sichtbaren Teilchen getroffen wird. Da sowohl vertikale als auch horizontale Schwingungen gleichzeitig verursacht werden, entsteht eine Resonanz, die dann in elektrische Energie umgewandelt werden kann.

Unterstützen Sie die Neutrino® Energy Group, um die Zukunft zu erschließen

Im Jahr 2015 entdeckten Physiker, dass Neutrinos Masse haben, was den Weg zu einer Ära ebnete, in der nachhaltige Energie endlich Wirklichkeit werden könnte. Fünf Jahre später ist der Entwicklungsstand der Neutrino® Energieforschung einfach unglaublich.

Unter der Leitung des bahnbrechenden Energiewissenschaftlers Holger Thorsten Schubart steht die in Berlin ansässige Neutrino Deutschland GmbH kurz davor, die erste Generation von Neutrino® Energiegeräten auf Verbraucherebene zu entwickeln. Zunächst wird die Neutrino® Energie in der Lage sein, die bestehenden Stromquellen, die elektronische Geräte nutzen, zu ergänzen. In dem Maße, wie Forscher und Ingenieure immer effizientere Transistoren entwickeln, wird die Neutrino® Energie zur Hauptstromquelle für die Geräte werden, komfortabel verbinden.

Wenn grundlegende Neutrino® Energiequellen installiert sind, müssen Geräte wie Smartwatches und Smartphones statt täglich nur noch ein- oder zweimal pro Woche aufgeladen werden. Mit den in Zukunft verfügbaren Neutrino® Energiequellen wird jedoch genug Strom zur Verfügung stehen, um das Ladegerät dauerhaft wegzuwerfen. Mit Ihrer Hilfe wird die Neutrino® Energy Group diese unglaublichen Innovationen noch schneller als erwartet liefern.

Resonanz

Die Resonanz entsteht physikalisch immer dann, wenn ein schwingungsfähigens System - der Resonator - vorhanden ist, wenn wiederum periodisch veränderliche Kräfte mit einer Frequenz oder Resonatorfrequenz – die Eigenfrequenz des Systems, die Eigenschwingungen – fast identisch oder gleich sind.

Der größte Wert der Amplitude wird erreicht, wenn die erregende Frequenz gleich der Resonatorfrequenz des erregten Systems ist. Allgemein ist bekannt, dass z.B. Metall, Glasbruchstücke, eingeschlossene Luft, aber auch Atome und Moleküle resonanzfähig sind.

Im Fall der Neutrinovoltaik® entstehen im metallischen Träger durch Resonanzen der aufgetragenen 6 Doppelschichten aus Graphen und Silizium die Teilchenbewegungen.

Die Auseinandersetzung mit Kritikern und Traditionalisten kann nicht der Hauptinhalt des Buches sein. Vielmehr ist es wesentlich eine realistische Zukunft für die Energieversorgung und das Klima bis zum Jahre 2045 - 2055 zu entwerfen, denn die Nutzung des „ewigen Lichtes“ wird das gesamte Leben auf diesem Planeten verändern.

Dabei gilt es nun, die neue, völlig veränderte Denk- und Arbeitsweise der Atom- und CO_2-freien Grundlastenergie in den Mittelpunkt zu stellen.

Der notariell beglaubigte Nachweis der Neutrinovoltaik® und vor allem dessen Ergebnisse geben der Neutrino

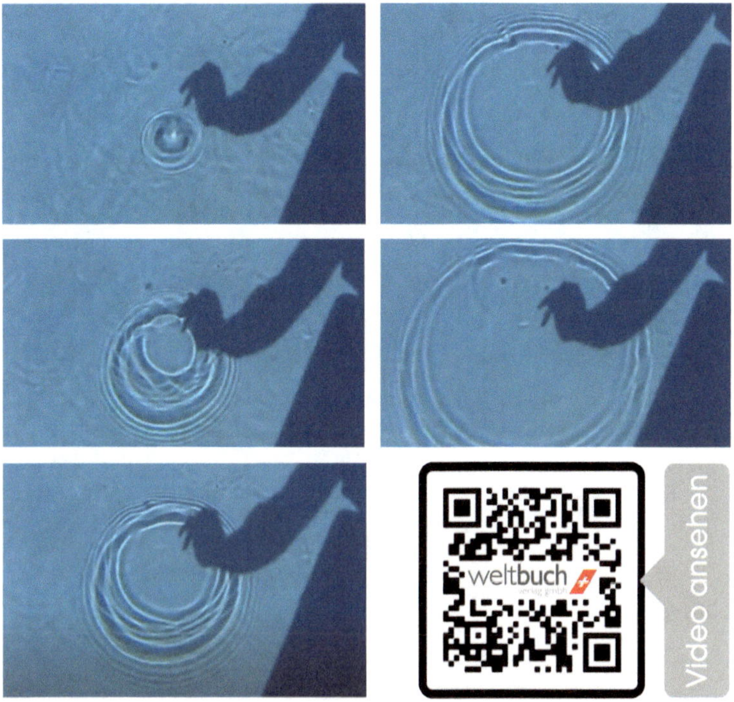

Sichtbare Resonanz am Beispiel des Wassers

Deutschland GmbH die Sicherheit, dass sich in überschaubarer Zeit viele Menschen weltweit für den Gedanken interessieren, dass das „ewige Licht" auch als die Lösung für die Klimafragen zu begreifen ist, ja, sogar als der Weg in die neue Zeit sein wird.

Und denken wir daran: Der Planet ist immer in der Lage sich neu einzurichten. Aber die Menschheit kann nicht mit jeder Veränderung auf unserem Planeten mithalten.

Das Klima wartet nicht, deshalb müssen wir jetzt kooperativ handeln und die Einheit zwischen Ökonomie und Ökologie schrittweise herstellen.

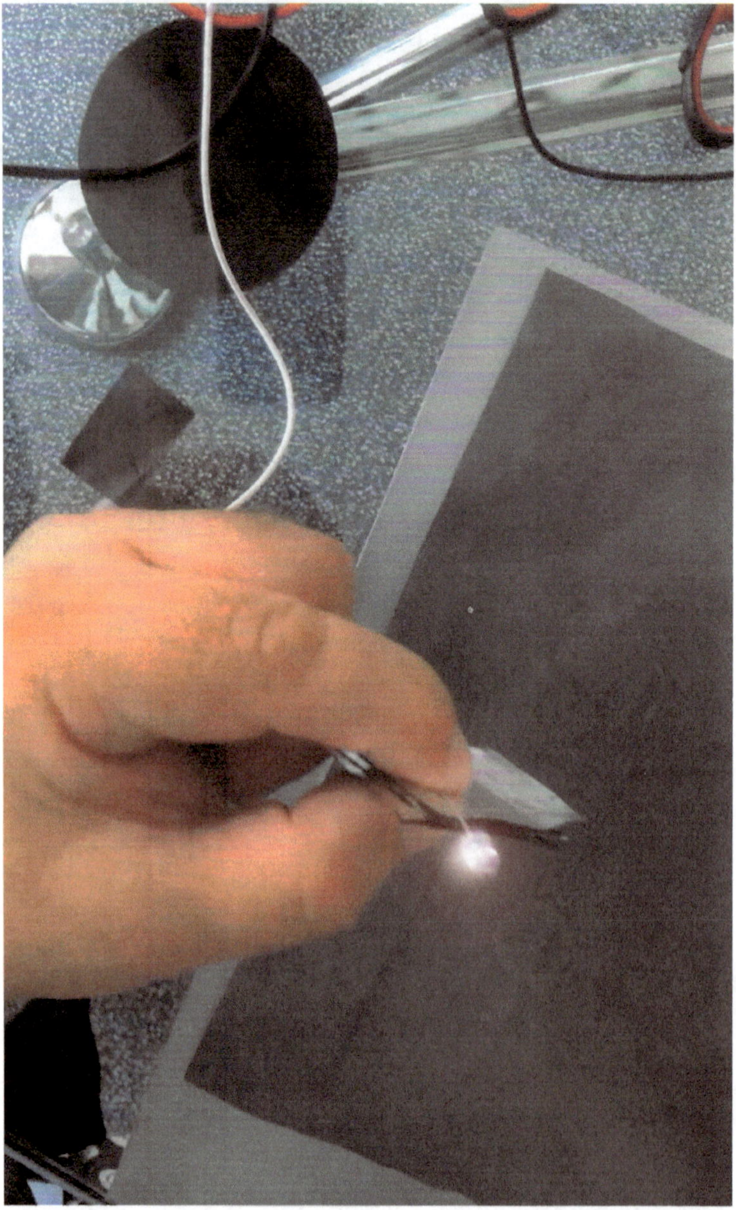

Neutrinos treffen auf die beschichteten Folien, Resonanz entsteht und Strom wird erzeugt. Auf dem linken Foto erzeugt dies das leuchten einer Diode und auf dem rechten Bild Spannung. Siehe auch Grafik auf Seite 92

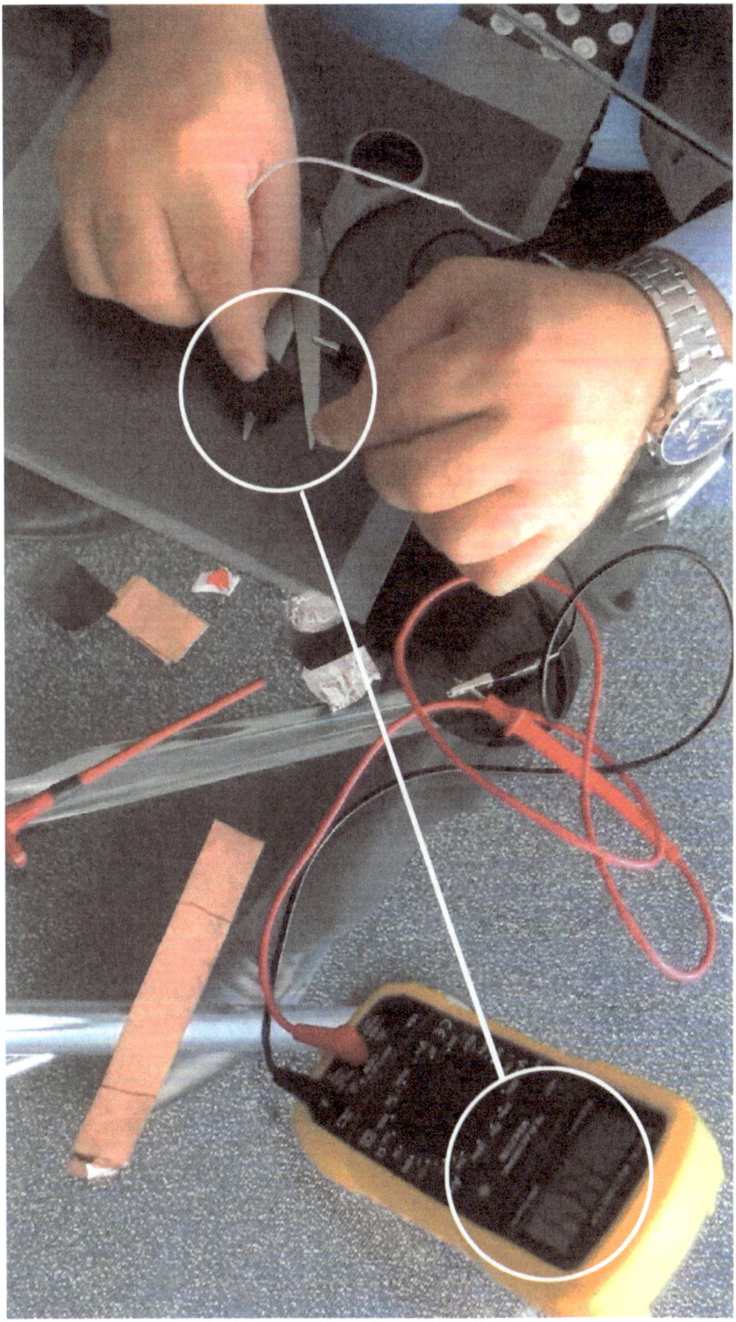

3.4. Die Folienbeschichtung – eine bisher unbekannte „Materie"?

In der Diskussion um die Energieerzeugung aus kosmischer Strahlung ist immer wieder zu hören, dass es auf der Erde keine Materie gibt, die das Durchfliegen z.B. der Neutrinos behindern kann. Dabei ist – wie unter 3.3. beschrieben – anzuerkennen, dass mit verschiedenen Methoden und neuen Ideen, aber auch bekannten Gesetzmäßigkeiten dieser Erfolg der Behinderung des Durchfliegens der Teilchen möglich wurde.

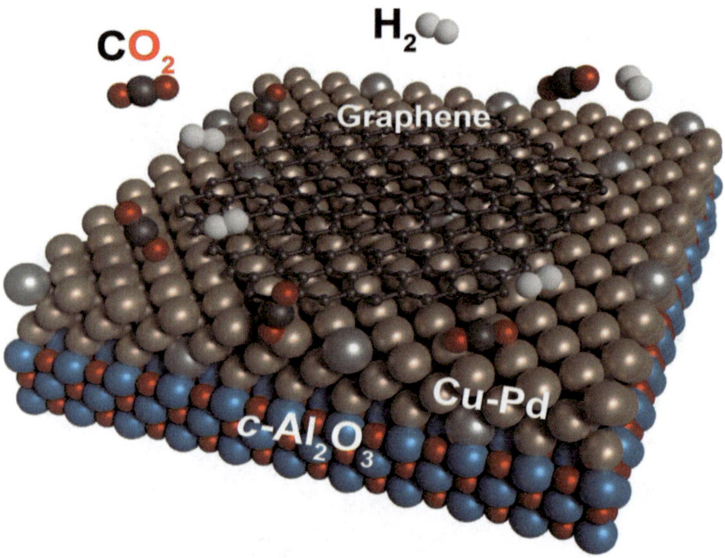

1. Die Wirkungsweise von Stoffkombinationen, die Nutzung von Nanopartikeln sowohl des Graphens als auch des Siliziums führen zu einem interessanten Effekt: Die neuen, eng gepackten Stoffstrukturen des Graphen (mathematisch zweidimensional) erzeugen

vertikale Schwingungen mit dem Ergebnis, dass durch diese Bewegungen Interaktionen (Berührungen mit einer teilweisen Energieübertragung von Neutrinos auf Graphenatome) hervorgerufen werden. Die Vertikalbewegungen der Graphenatome erzeugen im Silizium horizontale Bewegungen. Durch den Verbundstoff wird eine Nutzung der Neutrino® Bewegungsenergie aus vertikaler in horizontale Bewegung ermöglicht.

2. Insgesamt werden sechs Doppelschichten angeordnet, deren Ziel es ist, über Resonanzen die Horizontalbewegungen der Siliziumschichten zu überlagern. Wie aus der Physik bekannt, können Resonanzen in geeigneter Form zur Verstärkung der Horizontalschwingungen führen.

3. Die Geometrie der sechs Doppelschichten wurde durch unzählige Beschichtungsversuche ermittelt und für die Version 1. der Neutrinovoltaik® empirisch entwickelt und festgelegt.

Metastoffe, Geometrie, Resonanzen

Häufig werden die Vertreter der Neutrino® Gruppe angegriffen mit dem Vorwurf: Eure Entwicklung ist ein Trick. Wie sich bei revolutionären, neuen Entwicklungen über Jahrhunderte die Elemente in der Sprache gleichen! Aber ist es wirklich ein Trick?

1. *Die Nanotechnologie macht es möglich, Stoffstrukturen in einzelne Nanopartikel zu zerlegen. Diese „Partikel" sind ein ganz feiner Staub, der einzelne Atome oder Gruppen von Atomen beinhaltet. Die alte Stoffstruktur ist aufgelöst und es gibt die Chance, aus den „Partikelteilchen" eine neue, feste, dichte, dünne Stoffstruktur zu schaffen. Dieser unnatürliche Stoff hat an dere Eigenschaften als die ehemalige Ausgangs-Stoffstruktur. Ein auf unserem Planeten nicht vorkommen der Stoff ist künstlich geboren – ein Metastoff. Gleiches wird mit der Siliziumstoffstruktur realisiert. Der Verbund-Metastoff ist fertig!*

2. *Diese Stoffkombination ist schon in der Lage durch die Übertragung eines Teiles der Bewegungsenergie – vor allem der Neutrinos – Energie zu produzieren. Allerdings ist die Ausbeute gering. Deshalb wurde in vielen Jahren eine unterschiedliche Anzahl an Doppelschichten auf metallische Träger aufgebracht und in Versuchen die optimale Anordnung für die Ausgangsstoffe herausgefunden. Sechs Doppelschichten mit einer Dicke jeder Einzelschicht (Graphen, Silizium) von 10 - 20 Nanometer sind als experimentell erzeugtes Optimum für eine Geometrie ermittelt.*

3. *Die Doppelschichten erzeugen im Silizium Teilchenbewegungen, die sich in Resonanz untereinander vergrößern und so im metallischen Träger zu Teilchenbewegungen führen, dem Strom!*

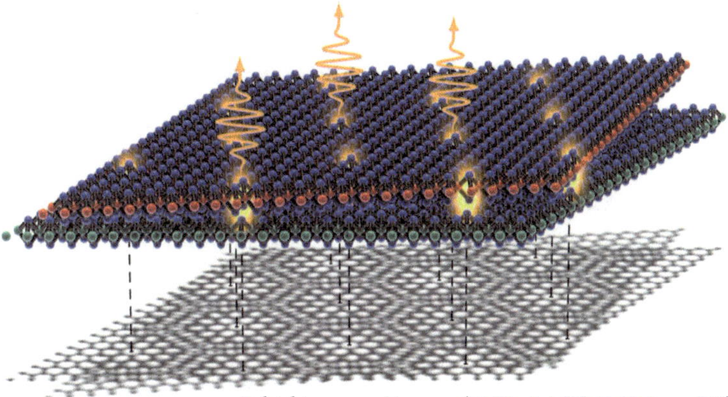

Schichten von Atomen (@ Heriot-Watt-Universität)

Eine neue ingenieurgemäße Denk- und Arbeitsweise hat die Neutrinovoltaik® hervorgebracht. Wenn die Kritiker das einen Trick nennen, dann steht „Trick" als Wertbedeutung zukünftig auch für Erfindung.

Die drei wesentlichen Fakten der Erfindung der Neutrinovoltaik® haben zu einem System geführt, das weniger als ein Mikrometer bemisst und so als eine Schichtkombination durchaus eine „Negation der Negation" im philosophischen Sinne ist. Denn diese Erfindung stellt gewissermaßen Vieles „auf den Kopf", was bisher zur technischen Nutzung der natürlichen und unnatürlichen Strahlung behauptet wurde und wird.

Negation der Negation

Dieses philosophische Gesetz der Dialektik ist immer eine interessante Unterstützung bei der Einführung von Lösungen neuer Generation, die als ein Qualitätssprung sich darstellen. Vom Verlauf her ist die Idee so, dass eine negierte Qualität (in unserem Fall: Neutrinos haben keine Masse) durch eine neue Qualität an Messsystemen (Nobelpreis für die Physiker Takaaki Kajita und Arthur McDonald) bei den Beispielteilchen „Neutrinos“ ergeben hat, dass diese doch eine Masse haben.

Die Negation der Masse wurde negiert durch neue Verfahren der Neutrinovoltaik® und damit der Weg geöffnet, um mit einer neuen, ingenieurgemäßen Denk- und Arbeitsweise Strahlung in Energie umzuwandeln: Das „ewige Licht“ als Strom kann leuchten, wenn die technisch-technologischen Grundlagen (siehe Anlage Patent, Seite 199) abgeschlossen sind.

Eine völlig neue Herangehensweise, die mit „alten Denk- und Arbeitsweisen“ nicht darstellbar sein kann. Und genau darin liegen die Herausforderungen für die Zukunft und die Anforderung an zukünftige Generationen; soll die Zeitenwende gelingen, ist von der jungen Generation durch innovatives Durchdenken des „Alten“, das bessere „Neue“ zu entwickeln.

Wir müssen es schätzen lernen, dass das Universum die natürliche Strahlung permanent verfügbar macht. Das heißt:

1. Durch das Vorhandensein der Strahlung ist um uns ein permanenter Strahlungsspeicher mit unvorstellbaren Reserven.

2. Die Umwandlung dieser Strahlung in Energie ist die völlig neue Denk- und Arbeitsweise. Die Entwicklung hin zur Einheit von Ökonomie und Ökologie ohne Zwänge und Regulierung setzt dann die Umstrukturierung unseres Lebens weltweit voraus.

3. Das erfordert völlig neue Ansätze des Arbeitens und der Produktionsabläufe mit dem Ziel, dezentral Grundlastenergie zu nutzen und Großverbraucher durch „Kleinerzeuger" im Netz mit Energie zu versorgen.

4. Da die natürliche Strahlung so zum „Rohstoff" wird, bilden Ökonomie und Ökologie eine Einheit und die Grundlage sowohl zum neuen Leben als auch zur Wirtschaft und Industrie in einer neuen Qualität; der Planet wird wieder gesund, denn das „ewige Licht" leuchtet permanent.

Ein Pionier der Neutrino® Entwicklungen war Prof. Dr. Konstantin Meyl, dem als Hochschullehrer sogar zeitweilig verboten wurde, über die Nutzung der Strahlung Vorlesungen zu halten.

Im Kapitel 6 des Buches ist in besonderer Form eine Würdigung seiner Forschungs- und Lehrtätigkeit erfolgt, die jetzt auch in weiterentwickelter Form durch die Neutrinovoltaik® ihre Fortsetzung findet.

4. Die zukünftige Nutzung der Neutrinos in einer homogenen Energieversorgung auf unserem Planeten

Wie bereits erwähnt, ist aus unserer ein entscheidendes Problem der Energie- und Klimapolitik die weltweit heterogene Struktur der Energieerzeugung (siehe Punkt 2, ab Seite 56). Selbst in der EU ist Deutschland das einzige Land der bisherigen Atomenergienutzer, das aus Gründen der Erzeugerrisiken, aber auch der Probleme zur Endlagerung und der Halbwertzeiten des Atommülles 2022 aus dieser Technologie aussteigen wird. Was in der Europäischen Union schwierig ist, kann das weltweit funktionieren? Die Forderung grüner Politik in Deutschland nach einer „Vorreitervolle“ ist gescheitert. Die Selbsteinschränkung findet keine Nachahmer, eher ist Kopfschütteln angesagt.

Wenn selbst in der Europäischen Union der „deutsche Weg zur Abschaffung der Atomenergie“ ohne Unterstützung bleibt, dann ist ohne erneuerbare Alternativen in der Grundlastversorgung Deutschland isoliert. Was als Vorbild für die Welt gedacht war, wird heute kaum noch erwähnt, geschweige denn bei der Klimadiskussion berücksichtigt.

Die ältesten gefundenen menschlichen Aufzeichnungen sind zwischen 17.000 - 18.000 Jahre alt; der Atommüll ist erst nach 1 Mio. Jahren abgebaut! Welche Bedrohung ist das für die gesamte Menschheit und der Atommüllberg nimmt zu!

Weil die letzte Atomkatastrophe in Japan nun wieder aus dem Bewusstsein gewichen ist, werden die CO_2-Themen forciert. Die natürlichen Strahlungen kommen seit ca. 3,6 - 4,1 Milliarden Jahren auf unserem Planeten an. Bis auf die eingeführte Nutzung der Sonnenenergie ist den Strahlungsenergien wenig Bedeutung um deren energetische Nutzung beigemessen wurden – bisher. Das wird durch die Neutrino® Gruppe nun endlich korrigiert. Die Chance zur Zeitenwende ist gekommen.

Wie erwähnt, wurde glücklicherweise der Irrtum – Neutrinos haben keine Masse – durch neue Messmethoden widerlegt, die im Jahre 2015 für zwei Physiker mit der Auszeichnung durch den Physik-Nobelpreis gewürdigt wurden. Wenn durch Messfehler ca. 130 Jahre lang falsche Theorien entwickelt wurden, dauert es einige Zeit, bis die „Experten“ bereit sind, ihre Meinung zu ändern. Aber was sind fünf Jahre in unserer Entwicklungsgeschichte. Ein sehr kurzer Zeitraum für unseren Planeten.

Von den erneuerbaren Energien sind Wind und Sonne regional sehr unterschiedlich nutzbar. Nach heutigem Kenntnisstand hat aber die Neutrino® Strahlung mit den sogenannten Geisterteilchen eine homogene Verteilung auf unserem Planeten. Die Zahlen sind so ungewöhnlich hoch, dass trotzdem die Traditionalisten ihrer Skepsis freien Lauf lassen.

Mit ca. 60 Milliarden Teilchen pro cm^2 und Sekunde sind für eine weltweite, homogene Grundlastenergiepolitik zugleich viele Eckpunkte einer neuen ingenieurgemäßen Denk- und Arbeitsweise gegeben:

1. Der „Rohstoff" zur Erzeugung der Neutrino® Grundlastenergie ist überall vorhanden: im Gebirge, im Flachland, in der Wüste, auf dem Wasser, unter Wasser usw.. Damit kann es gelingen, die Energiepolitik weltweit zum Schutz des Planeten durch ein neues Grundverständnis zu regeln. Statt Energie zu produzieren, wird Strahlung in Energie umgewandelt.

2. Die bisherigen „Rohstoffe" werden schrittweise unbedeutend; neue Formen der Energieproduktion und neue Produkte sind auf allen Kontinenten sofort nutzbar!

3. Dieser „neu genutzte Rohstoff" wird eine andere Sozialpolitik möglich machen, denn das „Eigentum an alten Rohstoffen" ist kein politischer Faktor mehr, sondern ein Relikt aus dem 19. und 20. Jahrhundert!

4. Neutrinos können in Kleinkraftwerken völlig neue Aufgaben übernehmen. Diese können z. B. sein:
   - Im Handy wird der Strom erzeugt; kein Anschluss an das Netz ist nunmehr notwendig.
   - Die Versorgung im privaten Haushalt übernimmt ein Neutrino® Kraftwerk mit z.B. 5 KWh Leistung mit dem Ergebnis, dass die überschüssige, nicht verbrauchte Leistung ins Netz eingespeist werden kann und somit Millionen von Kraftwerken in Deutschland und der Welt entstehen können. Das Netz hat nun in erster Linie die Bedeutung Energie „einzusammeln", um Großverbraucher zu versorgen!

- Die Produzenten von Stromverbrauchern (Kühlschrank, Fernseher usw.) können dann eine Energieerzeugungsanlage im Produkt anbieten (Netzentlasung).
- Die Elektromobilität braucht keine Ladesäulen mehr; das Kraftwerk ist im PKW, LKW, Schiff, Eisenbahnwagen; die Elektromobilität wird dann überall schadstofffrei.

5. Für spezielle Produktentwicklung sind selbstverständlich Rohstoffe notwendig – aber nicht wie bis her zur Energiegewinnung über Produktionsketten.

Ganz andere Denk- und Arbeitsweisen werden sich im Zeitalter der neuen Neutrinovoltaik®-Grundlastenergie ergeben, die im Folgenden neben einigen wegweisend-technischen Informationen beschrieben werden.

Die Grundlage zur Erzeugung der Energie wird es erforderlich machen eine Massenproduktion des metallischen Trägermateriales zu sichern. Das muss immer produktbezogen erfolgen. Die Neutrino® Gruppe schafft das Pilotbeispiel, das als Lizenz erworben werden kann von unterschiedlichen Bereichen.

Der erste Schritt ist der Bau eines Automaten zur Produktion von Folien in großer Stückzahl, um dann Module zu realisieren, die durchaus bis 300 Watt pro Modul (Cube) Leistung abgegeben.

4.1. Der Schritt zur Automatisierung der Folienbeschichtung – die vorindustrielle Lösung

Die Energiegewinnung von Strom aus Strahlungen – vor allem Neutrino® Strahlungen – ist auf der Grundlage der Berührung der Graphenatomen und Übertragung von einem Teil der Bewegungsenergie durch Neutrinos fertig entwickelt. In der Vision 1 ist die Grundlagenforschung abgeschlossen.

In einem Prozess der jahrzehntelangen Entwicklungen und Forschungen in Laboren sind Experimente mit unterschiedlichen Stoffstrukturkombinationen durchgeführt wurden, in deren Ergebnis festgestellt wurde, dass eine Kombination aus Graphen und Silizium als am geeignetsten zur Zeit erscheint.

Die Eignung ergibt sich aus unterschiedlichen Gründen:

1. Rohstoffe müssen genutzt werden, die in ausreichen der Menge verfügbar sind. Mit Graphen und Silizium scheint das gelungen zu sein.

2. Graphen kann aus u.a. Kohlenstoff (Braunkohle, Steinkohle) gewonnen werden. Aber Neutrino® Kraftwerke können auch in der Lage sein, aus der Spaltung von CO_2 den Kohlenstoff zu produzieren.

3. Silizium ist im Wüstensand in Größenordnungen verfügbar und nach Stand der Technik produzierbar.

4. Die Rohstoffe müssen preiswert sein, damit die produzierte Energie auch preiswert wird.

5. Die Nutzung von Aluminiumfolien als metallischer Träger kann auch absichern, dass eine Wiederverwendung der Folien durch Einschmelzen in Recycling-Prozessen Sinn macht.

6. Die Kleinstkraftwerke muss sich jeder leisten können!

7. Aber auch inhaltlich und konzeptionell sind die bei den Stoffe in Kombination sehr interessant!

Die Stoffkombinationen müssen einerseits dicht und fest, aber anderseits auch „elastisch" sein. Mit Hilfe von Nanopartikeln aus Graphen und Silizium lässt sich diese hoch interessante Kombination erreichen. Graphen als ein moderner Stoff, der nur mathematisch zweidimensional genutzt wird und dichter und härter als Diamanten sein kann, hat mehrere interessante Funktionen und Eigenschaften, wenn dieser zwischen 10 und 20 nm dünn ist. Es wurde aus Graphennanopartikeln ein neuer dichter Stoff geschaffen, der auch „elastisch" reagiert. Das bedeutet, wenn sehr schnell fliegende Neutrinos Atomkerne berühren, wird ein Teil der Bewegungsenergie übertragen und diese Atomkerne beginnen vertikal zu schwingen.

Bei 60 Milliarden Neutrinos pro cm^2 und Sekunde sind das millionenfache „Energieübertragungen" (geschätzt ca. 60 - 100 Millionen Neutrinos), sodass die vertikalen Bewegungen auf den relativ weichen Stoff – Silizium – übertragen werden und dort horizontale Atombewegungen in der „räumlichen Struktur“ des Siliziums verursachen. Die Vorstufe zum Stromfluss ist damit geschaffen.

Das Silizium und Graphen (nanotechnologisch manipuliert) ist auf einem Trägermaterial aufgebracht, welches als stromführendes Medium nutzbar ist.

Um einen deutlichen Effekt der Stromerzeugung zu sichern, sind insgesamt 6 Doppelschichten aufgetragen, in denen jeweils dieser Prozess abläuft. Durch das Phänomen der Resonanzen werden nun durch Überlagerungen die Bewegungen in die Trägerschicht übertragen und es entsteht der Stromfluss, so wie er auch in der Spule im Magnetfeld eines Generators durch Drehbewegungen entsteht.

Um eine hohe Anzahl an diesen Folien zu produzieren wird ein Folienautomat zur Beschichtung gebaut, der der Automatisierung der Laborarbeit dient und so die Möglichkeit schafft, in einer Stunde ca. 100 Folien mit diesen Schichten herzustellen. Der Automat ist der 1.Schritt zur Vorbereitung der Serienfertigung, aber noch keine Industrieproduktion. Trotzdem wird dieser Entwicklungsstand dann als Lizenz angeboten werden können.

Dieser Automat wird das Kernstück der zukünftigen Entwicklung in der Nutzung der Neutrinos als Grundlastenergie und die Grundlage des Beginns in der industriellen Wirklichkeit.

1. Durch die Automatisierung wird angestrebt, eine hohe Qualität und Menge an Energiefolien zu produzieren. Der erste Automat ist immer auch eine „Pionier“ – Leistung, vergleichbar mit den Anfängen der Solarenergie oder dem ersten Computer von Prof. Dr. Konrad Zuse (Z3).

2. Im Gegensatz zur Solarenergie können die Energie folien gepackt werden; es entstehen Reihenschaltungen als modulare „Pakete“. Diese Pakete stellt der Automat aus einer Anzahl von Folien bis 100 Stück her, sodass bei der Beschichtung der Vision 1 eine Leistung von bis zu 300 Watt/h pro Modul erreicht werden kann. Je nach Anforderung sind auch kleinere Module denkbar.

3. Der Automat verbindet und versiegelt luftdicht das „Paket“ (das Modul oder Cube), sodass eine Oxidation der Schichten durch den Sauerstoff in der Luft ausgeschlossen ist.

4. Ein Recycling dieser Module wird möglich, indem zukünftig wieder die Aluminiumfolie zu eingeschmolzenem Aluminium weiterverwendet wird.

Der erste programmierbare Computer

Natürlich ist es fast ein Wunder, dass erst vor 80 Jahren von dem damaligen Dipl. Ing. Konrad Zuse, einem späteren Informatikprofessor, im Jahr 1941 der Computer erfunden wurde. Dieses Gerät war der erste funktionsfähige Digitalrechner weltweit, der in Zusammenarbeit mit Helmut Schweger in Berlin gebaut wurde. Die Grundlage dieses Rechners war die elektromagnetische Relaistechnik mit ca. 600 Relais für das Rechenwerk und ca. 1400 Relais für das Speicherwerk.

Nachbau der Zuse Z3 im Deutschen Museum in München (Quelle: Wikipedia CC 3.0, @ Venusianer)

Die Z3 verwendete eine binäre Gleitkommaarithmetik und wurde – auch von der Konkurrenz im Ausland auf „Röhren betriebener Rechner" – als der erste funktionsfähige Universalrechner der Welt angesehen. Die Originalanlage ist 1944 bei einem Bombenangriff in Berlin zerstört worden, ist aber heute als Nachbau im Deutschland-Museum München zu sehen.

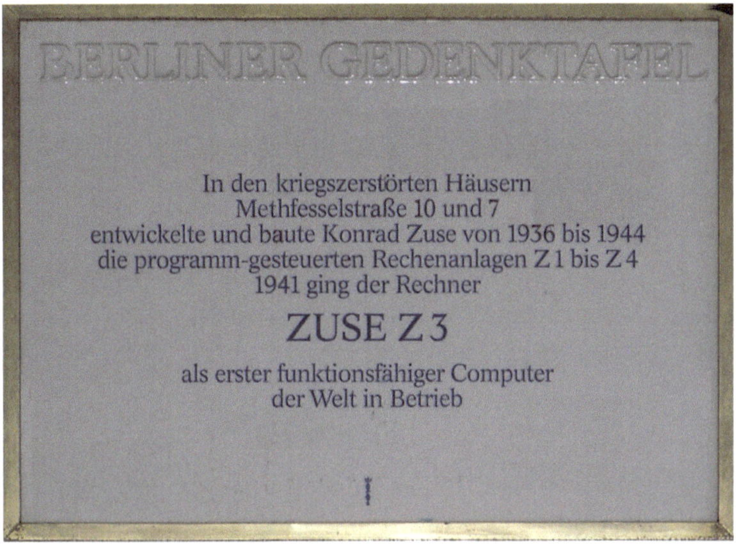

Gedenktafel für den Zuse Z3 in der Methfesselstraße in Berlin-Kreuzberg. (Quelle: Wikipedia @ Axel Mauruszat)

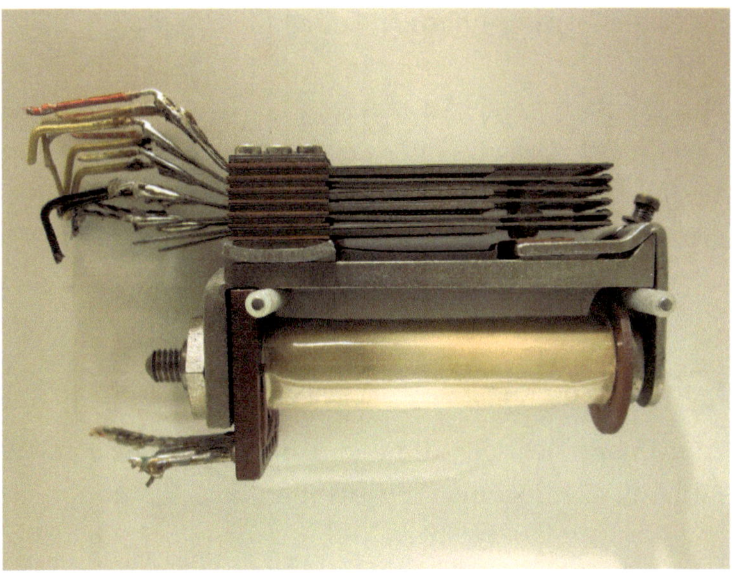

Elektromagnetischer Speicher (Relais), eingebaut in den Computer der Zuse KG vom Typ Z3, Z5, Z11, in den 1940er Jahren. (Quelle: Wikipedia CC 3.0, @ Denis Apel)

Viele Eigenschaften heutiger Computer hatte Zuse 3 bereits schon:

- Verwendung des binären Zahlensystems
- Gleitkommazahlenberechnung
- Ein und Ausgabegeräte
- Möglichkeit der Benutzerinteraktion während des Rechenvorgangs
- Mikroprogramme
- Pipelining von Instruktionsfolgen
- Numerische Sonderwerte
- Parallele Ausführung von Operationen so weit wie möglich

Und heute weiß kaum noch jemand, wie überhaupt der Computer begann – nach 80 Jahren.

Die atemberaubende Entwicklung der Rechentechnik und Datenverarbeitung bis hin zu den weltumspannenden Netzen im Internet sowie das System der künstlichen Intelligenz haben einen Anfang: einen funktionsfähigen „Pilot"-Computer, der mit Sicherheit noch nicht perfekt war, aber eine neue, ingenieurgemäß Denk- und Arbeitsweise eingeleitet hat.

Am Anfang steht die Idee und dann bedarf es Mut, Kraft und Ausdauer für eine neue Zukunft.

Paket

Es ist egal, wie wir es nennen:

- *Modul*
- *Power Cube´s oder*
- *Paket*

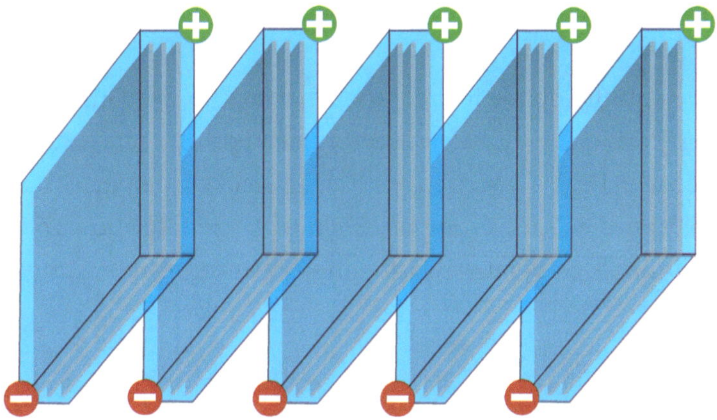

Die Neutrinovoltaik® fängt keine Teilchen ein, sondern stellt sich mit den Atomen „in den Weg“ des Teilchenstrahlens und überträgt so einen Teil der Bewegungsenergie an die Atome. Aber viele Neutrinos geben einen Teil ihrer Energie ab und das pro Atom!

Diese Fähigkeit des „Packens“ großer Module bringt die Neutrinovoltaik® in entscheidende Vorteile gegenüber der Photovoltaik, weil keine Teilchen komplett verarbeitet werden, sondern ein Teil der jeweiligen Bewegungsenergie genutzt wird. Durch diesen völlig anderen Technologieansatz sind deutlich höhere Leistungen zu erzielen, bezogen auf vergleichbare Flächen.

Die Module selbst werden nach üblichem Stand der Technik in einem Wabenmuster verdrahtet und mit Transformatoren versehen, die die gewünschte Spannung und die Stromart herstellen (Gleich- und Wechselstrom in der üblichen Spannung). Dadurch kann ein „Standard“ entwickelt werden, der in unterschiedlichen Einsatzfällen verwendbar wird. Im Weiteren sollen interessante Einsatzfälle beschrieben werden.

Der entscheidende Kooperationspartner bei der Umsetzung der Pilotidee – Automatisierung der Folienbeschichtung – ist Herr Dipl. Kybernetiker Rainer Zenker, der die Konstruktion der Pilotlösung als Stichwort wie folgt beschreibt: Automatisierung der Beschichtung, Packen, Versieglung.

Automatisierung der Beschichtung, Packen, Versieglung

von Dipl. Kybernetiker Rainer Zenker

Die erwünschten Parameter einer Anlage, die für diesen Zweck geeignet ist, sind durch die Verarbeitungsgeschwindigkeit von 100 Blatt „Neutrino® Folien" pro Stunde, also 2400 Blatt täglich definiert. Die tatsächlich notwendigen Zeiten für planmäßige vorbeugende Instandhaltung sind hier mal idealisiert auf Null gesetzt, aber im realen Betriebsablauf natürlich einzuplanen. Als vorläufiges Maß für die bevorzugte Fläche sei die Äquivalenz eines DIN A4-Blattes angenommen.

Ebenfalls vorgegeben ist die Anzahl der auf die Folien aufzubringenden Schichten, nämlich 2 x 6, also 12 Schichten. Daraus ergeben sich hier 1200 Takte, die die Anlage stündlich erbringen muss. Bei einer einfachen und geradlinigen Bearbeitungssequenz verbleiben somit genau 3 Sekunden pro Takt. Diese Taktzeit wiederum setzt sich aus mehreren Prozessteilen zusammen, wie beispielsweise die Positionierung, die partielle Druckanpassung, die erforderliche Zeit für die Erreichung des notwendigen Trennfaktors um eine hinreichende Reinheit der Schichten zu gewährleisten (wobei der erforderliche Trennfaktor vom Bereich der Verfahrensentwicklung noch nicht eingegrenzt wurde, um die Flexibilität des Verfahrens so lange wie möglich variabel zu halten, was hier logischerweise zu berücksichtigen ist im Zeitablauf der Verfahrensschritte), die eigentliche Prozesszeit, die Zeit für die Wiedererreichung des normalen Prozessdruckes, die Zeit für die Entriegelung zur

Aufhebung des Trennfaktors und die Zeit für die Entnahme aus der aktuellen Prozessposition.

Daraus folgt, dass eine serielle Abarbeitung nicht zweckmäßig ist. Um überhaupt eine der Aufgabe entsprechende Lösung erreichen zu können, muss das Verfahren, also die eigentliche Beschichtung und alle dazu notwendigen Teilschritte im Hochvakuum erfolgen. Damit wird die für das Verfahren erforderliche Reinheit und somit eine einstellbare hohe Reinheit der Schichten gegeneinander erst einmal möglich. Das bedeutet, dass sowohl jede Prozess-Station als auch die zentrale Vakuumkammer mit Turbomolekularpumpen ausgestattet werden müssen, die zentrale Vakuumkammer sogar mit mehreren. Eine Möglichkeit die schnelle Taktzeit zu erreichen ist, für jeden Teilschritt der Fertigung eine Prozess-Station einzusetzen, also zwölf Prozess-Stationen und je eine Belade- und eine Entlade-Station. Der Transfer von Station zu Station wäre dann mit einem im Vakuum laufenden Drehkreuz mit vierzehn Trägereinheiten möglich. Die Höhe der Anlage wäre dann aber unhandlich für eine schnelle Wartung. Systeme, die ähnlich aufgebaut waren, allerdings für wesentlich kleinere Dimensionen, wurden von der damaligen Leybold AG in Hanau und Alzenau und in einem anderen Entwurf durch die Balzers AG in Liechtenstein gebaut, sind aber nicht mehr auf dem Markt zu finden. Da für diese Systeme außerdem jede Prozess-Station separat mit allen notwendigen Aggregaten bestückt werden musste, waren die Anschaffungskosten und auch die Instandhaltungsaufwendungen sehr erheblich und damit für viele Anwender nicht interessant.

Da die hier zu entwickelnde Anlage zunächst erst einmal die Automatisierung des Labor- und Testbetriebes bewältigen soll, waren andere Ansätze zu finden. Dabei wurde auch der kontinuierliche Betrieb von Bandanlagen (Roll Coater) berücksichtigt, aber im Hinblick auf die limitierten Trennfaktoren und die Problematik der Weiterverarbeitung unter den von der Verfahrensentwicklung vorgegebenen Bedingungen als nicht zweckmäßig ausgeschlossen.

Das jetzt festgelegte Entwicklungskonzept für diese Vorstufe einer industrietauglichen Fertigungsanlage besteht nun aus einem im überwachten Schutzgas (Stickstoff oder Argon) operierenden Segment, ausgerüstet einem Sechs-Achs-Roboter für die internen Positionierungen, allen notwendigen pneumatisch oder motorisch betriebenen Aggregaten zur Konditionierung der zu beschichtenden Folien und einer Schleuse zur Übergabe der Folien in das an die Schutzgas-Sektion gekoppelte Vakuum-Segment. Im Schutzgas-Segment befindet sich eine weitere Schleuse zur Entnahme der Folien, nachdem diese vollständig beschichtet wurden. Ein zweiter Sechs-Achs-Roboter positioniert die beschichteten Folien in den jeweiligen Arbeitsstationen, um dort die Folien zu stapeln, zu bonden und zu versiegeln. Die Anzahl der in einem Paket zu stapelnden Folien ist wählbar. Eine Limitierung der Anwahl erfolgt durch die maximale Stromaufnahme des Bondings und durch das begrenzte Aufnahmevermögen der äußeren kupferkaschierten Plastikfolien, die als Versiegelung verwendet werden. Wenn höhere Folienzahlen pro Versiegelung notwendig werden sollten, sind die dort verwendeten Werkzeuge den geänderten Dimensionen anzupassen. Dies ist kein hoher Aufwand.

Zwecks Redundanz der Anlage und um bei vollem Automatikbetrieb die projektierte Durchsatzmenge zu erreichen, ist das Vakuum-Segment mit den jeweiligen Schleusenkammern, allen Prozess-Stationen und allen Antrieben dupliziert. Das heißt, dass die beiden Sechs-Achs-Roboter die Ein- und die Aus-Schleuskammern im Wechsel anfahren und bearbeiten. Das Vakuum-Segment verfügt damit über insgesamt vier vollständige Prozess-Stationen, wobei je zwei für die Beschichtung mit Silizium und zwei für die Beschichtung mit Kohlenstoff als Graphen eingesetzt sind. Je eine Station im Inneren des Vakuum-Segmentes ist als Ein- und Aus-Schleusstation eingesetzt. Die gewünschte Anzahl der Beschichtungen ist variabel und kann im Rezept bei Automatikbetrieb entsprechend hinterlegt werden. Die interne Ansteuerung der Stationen zur Fertigung der benötigten Schichten ist eine Innovation und wird zum Patent angemeldet. Deshalb werden Interessierte auf das in Kürze zur Veröffentlichung anstehende Patent verwiesen.

Die Anlage ist neben den zur Bedienung und Überwachung der Anlage erforderlichen Einrichtungen wie HMI und Ähnliches mit einer Funktions-Selektion und automatischer Aussortierung nicht den Qualitätsparametern entsprechender Folien ausgestattet. Die einzelnen Schichtparameter werden indirekt über die Einhaltung der eingegebenen Rezeptparameter permanent kontrolliert und der Auspuff der letzten äußeren Vakuumpumpe, also die Drehschieberpumpe, ist mit einem Nachbrennner auf Wasserstoffbasis ausgerüstet um jegliche Abgase und Schadstoffe zu vermeiden. Mögliche Rückstände wären maximal etwas Wasser und Sand in Form von Staub in geringen Mengen.

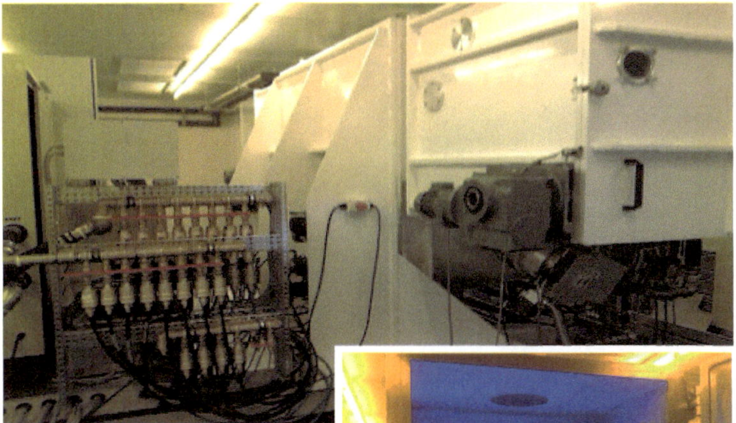

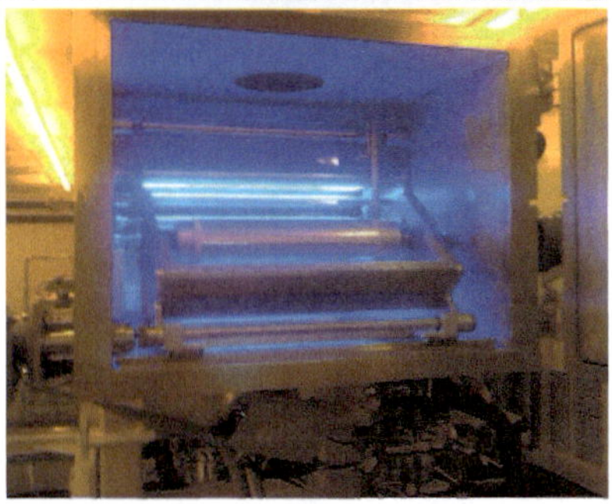

***Oben:** Automat zur Herstellung der Neutrinovoltaik®-Folien; **Mitte:** Beschichtungstechnologie in der Gas-Phase (Plasmatechnologie); **Unten**: Bestückungssystem zur Beschichtung der Neutrinovoltaik®-Folien*

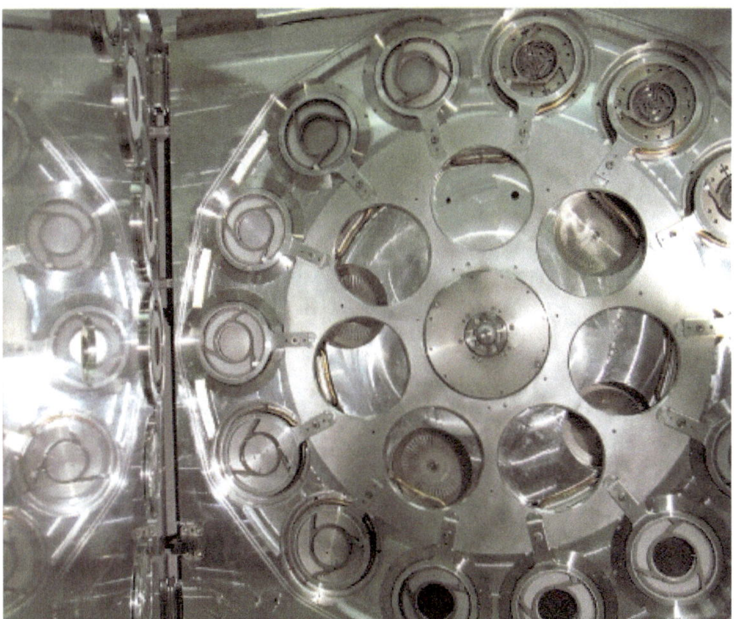

Zur Person: Dipl. Kybernetiker Rainer Zenker

Er wurde in Halle/Saale Ende der vierziger Jahre des vergangenen Jahrhunderts geboren. Dort absolvierter er seine Schulzeit, erlernte den Beruf eines Elektromonteurs und legte zeitgleich sein Abitur ab. An der Universität Rostock studierte er anschließend Technische Kybernetik und erwarb den Titel Diplom-Ingenieur für technische Kybernetik.

Erste berufliche Erfahrungen sammelte er in den Buna-Werken in der Projektierung von Steuerungen für diverse chemische Prozesse. Anschließend wechselte er in die Entwicklungsabteilung der Feinmechanischen Werke Halle, wo er sich mit der Entwicklung und Optimierung von Leistungslaser-Systemen und deren Steuerung befasste.

Bei der VDO AG Frankfurt war er danach in der Produktentwicklung und dem Projektmanagement für die Umsetzung neuer Produkte in die industrielle Serienfertigung, inklusive aller zugehöriger Komponenten, zuständig.

Nach seinem Wechsel zum damaligen Technologieführer für alle relevanten Vakuumtechnologien, der Leybold AG in Hanau und in den diversen Tochterunternehmen, Ausgründungen und Nachfolge-Unternehmen war er zuständig für die Einführung neuer Technologien bei den Kunden und hatte so über viele Jahre in Europa, Asien und Amerika ständig mit der Optimierung innovativer Produkte und deren Einsetzbarkeit in industriellen Prozessen zu tun.
Zum Jahrtausendwechsel beteiligte er sich an einer weiteren

Ausgründung und war dort als Entwickler vakuumbasierter Anwendungen tätig. Aus persönlichen Gründen siedelte er schließlich wieder nach Halle an der Saale über, wo er gemeinsam mit Anderen ein Unternehmen gründete, welches sich mit dem Aufdampfen hochschmelzender Metalle auf Kohlenwasserstoffen befasst. Seit vier Jahren ist er an der Vorbereitung zur Umsetzung der Neutrino® Technologie beteiligt.

Er sammelte also Erfahrungen mit Anlagen zur Metallverdüsung, zur Vakuum-Metallurgie mittels Elektronenstrahlkanonen, zur Verarbeitung von Plutoniumoxiden in Kernbrennstäben (einzige abgenommene Anlage in diesem Segment gegen die Ambitionen des damaligen Umweltministers Joschka Fischer), von magnetischen Massenspeichern (HardDisk-Laufwerke), von magnetooptischen Massenspeichern, von diversen Anlagen zur Herstellung von extrem dünnen Schichten wie z. B. ITO, OLEDs (auch weiße), CIGS und andere Solaranlagen, Kristallziehanlagen, Wärmebehandlungsanlagen (z. B. für Einspritzdüsen der Common-Rail-Technologie) sowie diverser weiterer Anwendungen und führte diese auch bei den Endkunden weltweit zur industriellen Anwendung.

4.2. Der neue Handy-Standard

Die Tücken der mobilen Telefonfunktechnik liegen im Verbrauch von Strom aus der Handy-Batterie. Eine normale Situation ist es, telefonieren zu wollen, aber die Batterie muss nachgeladen werden. Das Telefon ist „leer"!

Wie unter Punkt 3.2. bereits geschildert, entstehen durch kleine Folien bereits spürbare Energiemengen und das permanent.

Wie kann an diesem Beispiel die neue Technologie beschrieben werden?

In das Handy werden Folien mehrschichtig in geeigneter Form als „geschlossenes" Modul eingesetzt. Je nach Leistungsabnahme ist entsprechend die Stromerzeugung einzustellen.

Natürlich kann dann auch die Batterie als neuer „Zwischenspeicher" (besser Puffer) zwischen dem Kleinstkraftwerk und dem Verbraucher deutlich verkleinert werden. Um eine Übergangszeit zu erleichtern könnte mit Zusatzgeräten das Aufladen von Handys ohne zusätzliche Batterien oder den Netzanschluss angeboten werden; das Zusatzgerät lädt als Übergangslösung den Strom auf, indem die Handy-Batterie geladen wird. Aber die Strahlungsenergie steht dann permanent zur Verfügung.

Das „neue" Leben im Alltag kennt dann die permanente Verfügbarkeit der Technik als den Beginn der neuen Zeit durch das „ewige Licht“, denn der Strahlungsspeicher ist immer voll.

Vor allem Kleinstverbraucher lassen sich sehr schnell nach der Verfügbarkeit der Automatisierung der Folienproduktion umsetzen.

Eine vertiefende Darstellung wird in Kapitel 4.7. erarbeitet, indem Beispiele für die Stromerzeugung im Verbraucher selbst mit angeboten werden. Diese Form der Stromversorgung wird sprunghaft als neuer Trend im Sinne der veränderten, ingenieurgemäßen Denk- und Arbeitsweise um sich greifen. Verbraucher mit integrierter Stromversorgung durch die Neutrinovoltaik® können dann autonom, dezentral vom Netz, genutzt werden. Früher waren autonome Geräte immer Sonderlösungen – z. B. der „Kofferfernseher“. Dann gibt es zwischen außerhalb und im Haushalt keinen Unterschied mehr; die Energieerzeugung ist in dem Verbraucher integriert!

Für hochtechnologisierte Länder mit einem hohen Netzstandard und einer niedrigen Ausfallquote ist das scheinbar keine Notwendigkeit. Aber in großen Flächenländern ohne die Möglichkeit der Stromnetze wird diese Entwicklung eine neue, bisher nicht gekannte Lebensqualität bringen. Das „ewige Licht“ führt zu einer neuen Situation weltweit. Das ist dann soziale Entwicklungshilfepolitik.

Aber für ca. 80 % der Weltbevölkerung mit unzureichender, nicht zuverlässiger Energieversorgung ist das ein entscheidender Fortschritt in einem Leben im 21. Jahrhundert!

4.3. Die dezentrale Hausversorgung

Ein zukünftiges Standardsystem als Kleinkraftwerk wird ein 5 KWh-Gerät mit 220 V Wechselstrom sein. In dieser Lösung sind ca. 2500 Folien verbaut, die mit Modulen bis zu 300 Watt in Reihe geschaltet werden. Dieser Grundtyp ist nach Fertigstellung des Folienautomaten als Funktionsmuster für Tests freizugeben.

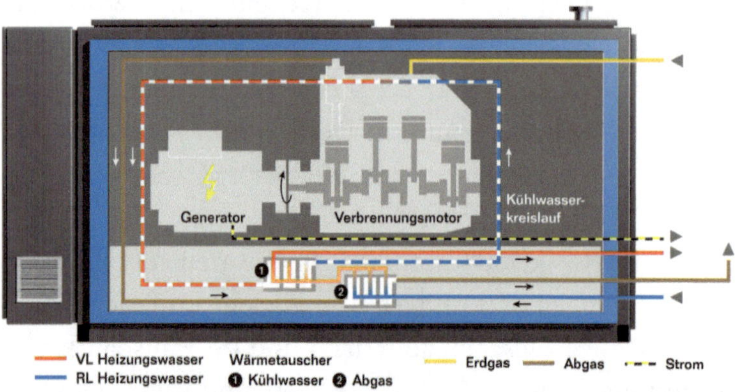

Schematische Darstellung (oben) und Beispiel einer Versorgungsanlage mit Gas-BHKW-Anlage über Kraft-Wärme-Kopplung. (Quelle: Buderus)

Gas als Speicher wird nun durch natürliche und künstliche Strahlung abgelöst. Eine CO_2-freie komplexe Energieversorgung ist geboren.

Die Bruttoleistung dieses Moduls auf Basis von 1.5 Volt Gleichstrom („Neutrino"-Spannung nach Umwandlung der Strahlung) wird dann über einem Transformator in 220 V-Wechselstrom umgewandelt, wobei aus den ca. 7 KWh Bruttostrom mindestens ca. 5 KWh Nettostrom als Basis entstehen.

Diese Leistung entspricht in 24 Stunden 120 KW und das bedeutet, dass eine beträchtliche Mehrproduktion an Energie im Haushalt selbst in Einfamilienhäusern bzw. Wohnungen entsteht. Damit ist eine neue „Einspeise" – Möglichkeit ins Netz geboren; mit Hilfe des „ewigen Lichtes" wird Energie eingesammelt und anderen Verbrauchern zugänglich gemacht.

Eine neue BHKW-Variante ist ein Teil der Klimastabilisierung: eigener Strom zum persönlichen Verbrauch und als dezentrale Einspeisung ins Netz wird die Grundlast stabilisiert, um in einem Zeitraum von einer Generation (30 Jahre) die üblichen Großkraftwerke zu ersetzen. Das „ewige Licht", dezentral installiert, wird eine erneuerbare, preiswerte, neue Grundlastenergiebasis, sodass die lokalen Netze eine neue, besondere Bedeutung erhalten! Strom vor Ort hergestellt heißt weniger Verluste bei dem Transport über Trassen.

Da kontinuierlich der Strom produziert wird, kann das Netz auch mit der Einspeisung planen. Damit erhält die erneuerbare Energie zum ersten Mal in Form der Neutrinovoltaik® eine Planungssicherheit, denn die Energie ist permanent verfügbar und deshalb auch kontinuierlich abrufbar.

Zur Bereitstellung der Grundlastenergie kann so durch dezentrale Kleinkraftwerke **zuverlässig** immer erneuerbare Grundlastenergie produziert werden. Die Ablösung von Großkraftwerken kann dann errechnet werden und ist keine politische Entscheidung, sondern nach Leistungskriterien definierbar. Das ist eine Zeitenwende in der Energieversorgung.

An dieser Stelle wird es nun sinnvoll, auf die neue ingenieurgemäße Denk- und Arbeitsweise hinzuweisen:

1. Mit dem zunehmenden Aufbau von dezentralen Kleinkraftwerken und der Einspeisung von über schüssigem Strom lassen sich Grundlasten im Netz neu kalkulieren.

2. Die Abschaltung von Großkraftwerken kann so zuverlässig und sicher kalkuliert werden, ohne dass in Netzstrukturen Ausfälle zu erwarten sind!

3. Durch das Einspeisen von Energie aus Kleinkraftwerken in das Netz können auch Großverbraucher entsprechend ihren Anforderungen mit preiswerter Energie bedient werden.

4. Die Haushalte und die Bevölkerung werden zu „Kleinenergieproduzenten“, sodass die Hauptaufga-

be der Energiekonzerne die Organisation intelligenterer Netze mit einer zuverlässigen Steuerung wird.

5. Die Großproduzenten von Strom werden zu Großverteilern des Stromes von Millionen von Kleinkraftwerksproduzenten.

6. Dadurch wird es möglich, einerseits eine erneuerbare Grundlastenergie zu garantieren und anderseits schrittweise eine Produktion von Energie ohne CO_2-Probleme und ohne Atommüll zu organisieren. Aber auch Wind- und Sonnenenergie ist in die Versorgung eingebunden und ein Teil der Energie-Zeitenwende.

4.4. Die Starkstromlösung für die Industrie am Beispiel der Pyrolyse

Definitiv ist für die Nutzung der Neutrinos als Rohstoff für die Energiegewinnung bei Großverbrauchern das Problem, dass die „Beschränkung" der Teilchen pro Quadratzentimeter und Sekunde einen Grenzwert für mögliche Energiegewinnung mit sich bringt, welche wir heute noch nicht genau kennen. Deshalb wird produzierte Energie auch im Netz eingesammelt.

Nach Beginn der Automatisierung der Folienbeschichtung wird von daher es erforderlich werden, zu untersuchen, wie viel Energie von einem Quadratmeter Fläche maximal gewonnen werden kann. Theoretisch scheint sehr viel möglich; aber es wird nicht möglich sein, auf der Fläche eines Atomkraftwerkes oder Kohlekraftwerkes analoge Mengen an Energie kurzfristig zu gewinnen. Die zentrale Erzeugung von Energie muss deshalb in lokalen Netzen zusammengeführt werden, um Großverbraucher zu bedienen. Mit der Weiterentwicklung der Beschichtungen wird selbstverständlich auch die erzeugte Leistung pro Fläche zunehmen.

Um das von den Mengen her zu diskutieren, sind folgende Fakten zu berücksichtigen:

1. Ein Quadratmeter hat 10 000 cm^2.

2. Pro Quadratzentimeter werden ca. ein bis zwei Promille Neutrinos genutzt, also von 60 Milliarden ca. 60 - 120 Millionen.

3. Auf einen Quadratmeter sind das mindestens 60.000.000 x 10.000 = 600.000.000.000 (600 Milliarden pro Sekunde) Neutrinos!

Demzufolge können etwa 600 Milliarden Neutrinos pro m^2 pro Sekunde einen Teil ihrer Bewegungsenergie abgegeben. Dann liegt die Leistung pro m^2 bei der Folienbeschichtung nach Version 1 (6-mal eine Doppelschicht manipulierte Stoffstruktur aus Graphen und Silizium) bei ca. 36 Watt.

Die Erstellung von Modulen und natürlich auch mehrschichtigen Cube´s mit bis zu 100 stromführenden Schichten sichern pro m^2 3.6 KWh in der Zukunft. Für die ca. 100 KWh für das industrielle Projekt einer Pyrolyse werden dann mehrere Kraftwerke notwendig, wobei im Experiment festgestellt werden muss, wie der Platzbedarf ist. Der Partner der Neutrino® Gruppe ist ein bayerischer Unternehmer, Herr Florian Herzog.

Pyrolyse von Altreifen

von Florian Herzog

Es wird deutlich, dass eine Netzanordnung der Königsweg sein wird, also das „Sammeln" der Energie von dezentral angeordneten Kleinkraftwerken bei dem Großverbraucher, aber auch im lokalen Netz.

Diese Ausführungen sollen nur deutlich machen, dass man sich neu orientieren muss, denn die neue Denk- und Arbeitsweise setzt voraus in anderen Kategorien zu denken, zu handeln und zu organisieren, als es bisher üblich war.

Das Reifenprojekt wird deutlich machen, wie dieser Abfall sauber in neue Sekundärrohstoffe umgewandelt wird. An diesem Beispiel soll bewiesen werden, dass ein CO_2-freies Recycling besser ist als jede Form von Müllverbrennung; vor allem durch die Nutzung des „ewigen Lichtes" und die Reduzierung des Primär-Rohstoffverbrauches durch wiedergewonne Sekundärrohstoffe.

Die Pyrolyse oder Depolymerisation von Granulat aus Altreifen ist ein wesentlicher Schritt in der Prozesskette zum Erhalt wertvoller fossiler Rohstoffe im Sinne eines nachhaltigen Wertstoffzyklusses.

Unabhängig davon, ob dazu aufwendige Industrieanlagen für den Gesamtprozess vom Altreifen bis zum Endprodukt – recovered Carbon Black, Öl und Pyrolysegas – genutzt werden oder Anlagen, in denen günstiger Rohkoks aus Anlagen, die hauptsächlich der Ölproduktion dienen, als Ausgangsstoff dient und dieser eine Nachpyrolysierung mit anschließender Veredelung zugeführt wird, steht immer die Frage einer möglichst nachhaltigen und auch kostengünstigen Versorgung mit elektrischer Energie im Raum.

Das Pyrolysegas wird entweder direkt zur Erwärmung der Prozess-Öfen durch Verbrennung anstatt elektrischer Beheizung verwandt oder in Blockheizkraftwerken mittels Kraft-Wärme-Kopplung zur Erzeugung von Strom und Wärme genutzt.

In jedem Fall verbleibt ein wesentlicher Anteil elektrischer Energie, der bislang aus dem öffentlichen Stromnetz zugekauft werden muss und, neben den Auswirkungen auf die Umwelt, einen wesentlichen Faktor der laufenden Betriebskosten darstellt.

Neutrino® Energie wird eine ideale Energiequelle sein, die über den selbst erzeugten elektrischen Strom hinaus benötigte elektrische Energie dezentral bereitzustellen. Pyrolyseanlagen sind mit Neutrino® Kraftwerken nachrüstbar vermag.

Pyrolyseanlagen sind mit Neutrino® Kraftwerken nachrüstbar.
Die Ergänzung der Eigenerzeugung von elektrischem Strom durch Neutrino® Energie bietet die einmalige Chance, an den Produktionsstandorten eine CO_2-neutrale Starkstrom-Energieversorgung im lokalen Verbund aus Pyrolysegas und Neutrino® Energie zu etablieren.

Rohkoks aus Altreifenpyrolyse

recovered Carbon Blak – rCB, Anwendung als Füllstoff, Farbstoff, etc.

Zur Person: Florian Herzog

1994 - 2008:
Selbständigkeit bei ITK Consulting, Schwerpunkt Mittelstand, Industrie und sozialer Bereich.

2007 - 2011:
Aufbau und Entwicklung der Freien Schule Glonntal und des Schulträgers Imagon Gemeinnützige GmbH, 70 Mitarbeiter, > 400 Schüler, Umsatz ca. 10 Mio. € p.a.; Gesellschafter und Geschäftsführer bis Ende 2011.

2011 - heute:
Herzog Management & Consulting GmbH, Geschäftsführender Gesellschafter: Implementierung von Unternehmensstrukturen, Controlling, Kapitalakquise, Ausschreibungen, Auftragsvergabe, Datenschutzbeauftragter

2012 - heute:
Kauf Pyrolyx Halle GmbH, jetzt: Pyrolytec GmbH: Entwicklung des Projekts über mehrere Stufen bis zur Beteiligung eines großen Anlagenbauunternehmens im August 2017; Projektierung einer chemischen Industrieanlage zur Verarbeitung von Reifengranulat zu hochwertigem Carbon, Öl und Gas im Rahmen eines öffentlich (EU) geförderten Projekts für Wertstoffkreisläufe.

2019 - heute:
Planung einer Industrieanlage in Sachsen-Anhalt zur Verarbeitung von Granulat aus Altreifen zur Rückführung der Rohstoffe in den Wertstoffkreislauf.

4.5. Die neue Elektromobilität mit kleinen Batterien und keine Ladestation

Die Diskussionen um die Vorteile der Elektromobilität werden leider zur Zeit noch ideologisch geführt und sind selten in der politischen Bewertung durch politisch handelnde Akteure in der Summe der Vor- und Nachteile objektiv bewertet. Ein erster Hinweis zu diesem Problem ist im Kapitel 2 gegeben.

Wenn die Schadstoffe am Auspuff fehlen, ist noch nicht sicher, dass eine Klimastabilisierung stattfindet und die Schadstoffe nicht an anderer Stelle entstehen.

Eine wesentliche Frage ist dann eben nicht beantwortet: Woher kommt der Strom in meiner Steckdose? Die Strahlungsenergie ist ein Fakt, der in unserem Sonnensystem Energiereserven sichert, die bisher nicht von der Menschheit genutzt werden konnten und wollten. Die Zeitenwende wird das ganz sicher ändern.

Gründe sind bereits an unterschiedlichen Stellen diskutiert wurden. Es sind einfach objektive Tatsachen, die den Wünschen und Vorlieben von Weltverbesserern definitiv nicht in jedem Fall gefallen. Deshalb geht die Zeit darüber hinweg und man versteift sich in fragwürdige Betrachtungen. Und so werden aus scheinbar fortschrittlichen Ideen sogar größere Problemfelder als vor „Einführung des Fortschrittes“.

Deutschland als „Erfinder des Autos“ hat aktuell ca. 48 Millionen PKWs im Bestand. Nun stelle man sich vor, jedes

Fahrzeug ist ein Elektrofahrzeug heutigen Typs (große Batterie, Ladestation).

Dann sind unter anderem folgende Fragen zu beantworten:

1. Reicht dann in Deutschland für jedes Fahrzeug eine Ladestation? 47,7 Millionen?

2. Wie ist das bei Fernfahrten?

3. Wie müssen Parkplätze, Raststätten usw. umgebaut werden?

4. Wie viel Mengen zusätzlichen Stromes werden benötigt und wie sind die Planungen für die örtlichen Versorgungssysteme?

5. Wie kann man das „Problem" der permanenten Leistungsvorhaltung lösen und kann man es überhaupt? (siehe Video über QR-Code auf Seite 79)

Aber eine Frage bewegt mich persönlich insbesondere:

6. Woher kommen die endlichen Rohstoffe für die Monsterbatterien und wann beginnt der Kampf um die Lagerstätten? Oder ist er schon entbrannt?

Warum sehen wir über die problematischen Arbeitsbedingungen und sogar die Kinderarbeit bei der Förderung von Rohstoffen vor allem in den Entwicklungsregionen hinweg, die in den Batterien verbaut werden müssen?

Ansonsten steht bei vielen Politikern die soziale Frage weltweit an erste Stelle. Wie ist das bei der Elektromobilität?

Die Fragen und jede einzelne Antwort ergeben ein diffuses Bild über eine mögliche Mobilitätszukunftsplanung in Politik und Wirtschaft. Die Form der heutigen Elektromobilität mit den „grünen" Versprechungen ist Augenwischerei für die Bürgerinnen und Bürger und in den meisten Ländern kein Beitrag zur Klimastabilisierung. Eine Ausnahme ist, wie in Kapitel 2 dargestellt, Norwegen.

Wenn wir dem Grundsatz der Ingenieurwissenschaft Glauben schenken wollen, dann wird es notwendig, neue Visionen in Angriff zu nehmen! Das bedeutet: Innovationen sind gefragt!

***„Die Phantasie von heute
ist die Realität von morgen!"***

Wie bereits erläutert, haben wir die Laborentwicklungen der Version 1 der Folienbeschichtungen zur Erzeugung von Strom aus Strahlungsenergie als Neutrinovoltaik® abgeschlossen.

An jedem Punkt des Planeten kommen ca. 60 Milliarden Neutrinos pro Quadratzentimeter und Sekunde an. Was für ein großes Geschenk, das bisher keine Beachtung fand!

Wenn wir theoretisch annehmen, dass ein Auto (PKW) 4.00 Meter lang und 1.20 Meter breit ist, ergeben sich 4.8 m^2, also 48 000 cm^2.

Die Rechnung ist ganz einfach: Auf unser Auto kommen pro Sekunde sagenhafte 48 000 cm^2 x 60 Milliarden/cm^2 Neutrinos an! Gehen wir davon aus, dass nur ein Promill Neutrinos unserem Auto Energie abgeben, entstehen so aus mindestens 48 000 x 60 Millionen Neutrinos pro Sekunde, also für das Fahrzeug insgesamt, pro Sekunde ca. 2 880 Milliarden Neutrinos bereit, die einen Teil der Bewegungsenergie abgeben. Gehen wir von den bisherigen Berechnungen aus und setzen CUBE´s mit 100 Folien pro m^2 ein, so ergibt sich eine ganz einfache Rechnung:

$$\mathbf{4.8\ m^2 \times 3.6\ KWh/m^2 = 17{,}28\ KWh}$$

Eine sagenhafte Menge an Energie, die voraussetzt: Das gesamte Auto muss so konstruiert werden, dass diese Energie in einem eigenen Kraftwerk von Strahlung in den Strom umgewandelt wird, der zum Betrieb des Fahrzeuges notwendig ist.

Diese neue Form der Konstruktion von Elektrofahrzeugen nennen wir:

π®-Technologie.

Diese Zielsetzung einer Energieumwandlung von natürlicher und künstlicher Strahlung im Fahrzeug – also in einem komplexen Kraftwerk – wird eine konzeptionell harte Herausforderung für die nächste Generation an die Autobauer sein.

Die π®-Technologie

Mit den zunehmenden Erfolgen in den Laborversuchen und der Zunahme der Leistungen wurde sehr schnell klar, dass für die Elektromobilität mit „Normal"-Batterie und ohne Ladesäulen den interessierten Bürgerinnen und Bürgern ein Hinweis gegeben werden muss, wie „unerschöpflich" der Strahlungsvorrat ist. Die Neutrino Deutschland GmbH schützte die PI-Technologie als besondere Marke für Mobilitätsentwicklungen auf der Basis der Neutrinovoltaik®.

Die Konsequenz: Die Batterie muss kein „Monster" sein, also kein Speicher, sondern vielmehr ein kleiner Puffer und die Ladesäule wird nicht gebraucht, denn im Stillstand und während der Fahrt produziert das Auto seinen Strom selbst, denn die Umgebung ist der Speicher.

Werden alle Möglichkeiten der Karosserie (Kotflügel, Türen, Motorhaube, Kofferraum usw.) genutzt, erhöht sich die verfügbare Fläche noch deutlich. Das ist Zukunft.

Durch den Abschluss der Laborarbeiten und die Entwicklung der Folie Version I ist die Fantasie Realität geworden; nun müssen in großer Stückzahl als „Pionier"-Beispiel Folien in ein Auto verbracht werden und so wird nachgewiesen: Alles, was heute gemacht wird, sind ***Brückentechnologien***. Der wirkliche Durchbruch kann nur durch die Nutzung der Strahlungstechnologie kommen, durch das „ewige Licht"! Die Umwandlung von Strahlung in Strom im Fahrzeug!

Brückentechnologie und der Neutrino® Nachrüstsatz für E-Fahrzeuge „alter Prägung“

Deshalb arbeitet das Team an einer Lösung als Nachrüstsatz für heutige Elektrofahrzeuge, wo eine kleine Ladesäule im Auto vorhanden ist. Ab Herbst 2021 werden die Nachrüstungen in einem Elektro-PKW als Versuchsfahrzeug – geplant ist ein Trabant – und einem eingebauten Neutrinovoltaik®-Kraftwerk beginnen.

Das Kraftwerk, welches für diesen Zweck in einen handelsüblichen Koffer passt, kann direkt an die Stromversorgung im Auto angeschlossen werden oder in der einfachsten Variante wird die „kleine Ladesäule“ im Stand an den Anschluss als Steckverbindung genutzt.

Modifizierter Elektro-Trabi mit einem „Neutrino-Kraftwerk“, verpackt in einem Koffer, der problemlos ins Fahrzeug passt

Diese Leistung ist für einen PKW durchaus eine Größenordnung, mit der ein Fahrzeug lange Strecken zurücklegen kann (1000 km und mehr!) ohne Pausen einzulegen und ein Nachladen an der Ladesäule ist nicht nötig. Aber wer fährt solche Distanzen? Üblicherweise fährt man ca. 200 - 300 km und dann wird eine Pause eingelegt. In der Pause wird kein Strom verbraucht, aber das Kraftwerk lädt die Batterie wieder nach! Im Stand ohne Fahrstrom, sondern nur Strom für den Puffer.

Eine geniale Lösung für den neuen Mobilitätsansatz des 21. Jahrhunderts: Das „ewige Licht" sichert nicht nur die Einheit von Ökonomie und Ökologie, sondern befreit das Denken und Handeln der Menschheit von der „Folter" der Vorschriften und Gängelungen; diese neue „Energie" – Freiheit wird dominierend für eine völlig neue Denk-, Arbeits- und Lebensweise sein.

Die Gesamtheit der notwendigen technisch-technologischen Entwicklungen in der Marke PI wird alles verändern, sodass die Umwandlung von Strahlungsenergie im Auto erfolgt, denn der „Speicher Erde" ist nutzbar; unsere Atmosphäre macht es möglich und der CO_2-Überschuss wird schrittweise abgebaut, denn durch „echte" Elektromobilität ohne Schadstoffe wirken die Selbstheilungskräfte des Planeten wie seinerzeit bei dem „Ozonloch" (siehe Vorbemerkungen).

Die Idee: PI soll ausdrücken, dass der Rohstoff „Strahlungsenergie" als permanent verfügbar gilt und insofern die neue Mobilität überall nutzbar wird. Insbesondere für die zukünftigen Konstruktionen der Fahrzeuge des Typs „π" sind sowohl im Bodenbereich als auch im gesamten Karosseriebereich Lösungen zuzulassen, die bei der angesprochenen Größe des Fahrzeuges mehr als 20 KWh Leistung aus Strahlung in Strom umwandeln können!

Interessant wird diese Technologie auch für Nutzfahrzeuge oder Busse, natürlich auch für die Schifffahrt bzw. die Eisenbahn.

Dieser neue Mobilitätsansatz auf Basis der Umwandlung von Strahlung in Strom wird die gesamte Industrie vor völlig neues Umdenken stellen. Aber auch die Behörden, Politik, Wissenschaft – die gesamte Gesellschaft wird umdenken müssen bei der Frage: Woher kommt der Strom? Vielleicht aus der Steckdose oder das kleine Kraftwerk befindet sich direkt im Verbraucher. Wie Prof. Dr. Zuse mit dem „Z3" eine neue Zeit eingeleitet hat, ist die Nutzung der Strahlung als Energiespeicher die Voraussetzung zur Zeitenwende.

Die Industrieeinführung muss dann von der Automobilindustrie und anderen Anwendern typenbezogen realisiert werden. Die Optimierung der Fahrzeuge setzt eine neue ingenieurgemäße Denk- und Arbeitsweise voraus, die sich entwickeln wird wie seinerzeit zu Beginn der Verbrennungsmotoren. Der Beginn eines neuen Zeitalters wird eingeläutet mit der Rettung unseres Planeten durch die Anwendung der Strahlungsenergie. Das „ewige Licht" schafft auch in der Mobilität gemeinsame ökologische und ökonomische Lösungen!

4.6. Die kabellose Transponder-Netztechnologie mit 100 %iger Flächenabdeckung

Die Nutzung der modernen Medien über weltweit organisierte Netze ist inzwischen die Grundlage der Lebens- und Arbeitswelt. Das Arbeiten im Netz über unterschiedliche Dienstleistungen im Internet oder der Funkkommunikation stellt uns immer dann vor Herausforderungen, wenn wir „kein Netz" haben. Die Technikabhängigkeit kennt eben dafür genau drei Gründe:

1. die Stromversorgung ist unterbrochen,
2. die Netzverbindung ist instabil oder nicht installiert,
3. oder es kommt vor, dass beides zutrifft.

Dieses Themas hat sich die Neutrino® Gruppe angenommen, in dem ein völlig neues Transpondersystem sowohl unterstützt und weiterentwickelt wird als auch für den Testbetrieb vorbereitet ist. Es ist eine Lösung mit kabellosem

Netzbetrieb und kabelloser Stromversorgung.

Die aufwendige Verlegung von Erdkabeln (z. B. Lichtleiterkabel) macht die Netzanschlüsse sehr teuer und kann in dünn besiedelten Regionen weder ein gutes Internet noch vernünftige Telefonverbindungen liefern. **Neutrino® smart network** als ein zukünftiges Unternehmen der Neutrino® Gruppe (NSN) ist unsere Antwort auf diese Probleme.

Unser Partner Dr.-Ing. Dr. habil. Lutz Rothe beschreibt diese Lösung:

Neutrino® smart network

Wir nutzen auch die Lichtwellentechnologie; allerdings benötigen wir keine Übertragungskabel. Das System ist so intelligent entwickelt, dass der Arbeitsradius der Anwendung angepasst wird. Das bedeutet, wir generieren über Software einen „Winkel" ein, der die Nutzung des Transponders ermöglicht.

Beispiele:

1. 360 ° bedeutet, dass im Umkreis von 200 - 300 Metern alle Nutzer zugreifen können. Die Arbeitsgeschwindigkeit ist dann permanent max. 1,8 Gbit/sec.

2. Es sind Radien von 180° sowie 90° möglich, die dann die Nutzer bedienen. Die Planungen der Einstellungen sind projektseitig immer abzustimmen, damit auch in hoch verdichteten Räumen noch ein schneller, individueller Zugriff möglich ist.

3. Bei einem Winkel von 1° kann analog dem Richtfunk eine 1,8 Gbit/sec-Übertragung über max. 10 km Entfernung sichergestellt werden. Damit sind auch entlegene Standorte so gut erreichbar wie Innenstadtbereiche. Die Kosten für einen Kundenpunkt (ohne Anschlusskosten) betragen ca. 2.500 - 3.000 € (netto).

Die 100 %ige, flächendeckende Einführung von Internet ist dann sehr einfach zu vollziehen. Der Stromanschluss ist im Gelände natürlich auch ein Kostenfaktor.

Der Transponder verbraucht 40 Watt-Stunden Strom, sodass über Solarenergie mit einem Speicher die „Sofortlösung“ ohne Stromkabel möglich ist. Die Mehrkosten können gegenwärtig bis 10.000 Euro betragen.

Ziel ist es natürlich, dass ein kleines Neutrino® Kraftwerk die Versorgung übernimmt. Dann sind keine Zusatzkosten erforderlich und der Anschluss wird noch attraktiver. Natürlich ist der Übergang von heute zu übermorgen zu realisieren, indem auch Brückenlösungen geschaffen werden!

Der Ultra-Breitband-Netzwerk-Transponder

von Dr. habil. Dr.-Ing. Lutz Rothe

1. Produktbeschreibung:

Der Ultra-Breitband-Netzwerk-Transponder verkörpert ein modulares und netzwerkfähiges und hybridgekoppeltes photonisches Ultra-Breitband-Transpondersystem als Schlüsselkomponente drahtloser Breitband- und Ultra-Breitband-Übertragungsnetzwerke mit dem Potential der Hochgeschwindigkeitskommunikation, d.h. dem Potential der Datenübertragbarkeit mit GBit/s- und TBit/s-Übertragungsgeschwindigkeiten :

- *für die Errichtung autarker Kommunikationsnetze mit 5G- bzw. NG(Next Generation)-Leistungsstandard;*

- *für die 5G- bzw. NG-Aufrüstung / 5G- bzw. NG-Nachrüstung von Bestandsnetzwerken;*

- *für die drahtlose Hochgeschwindigkeitsversorgung von land-, luft- und seemobilen Großraum-Passagier- und Fracht-Beförderungsmitteln;*

- *für die kommunikationstechnische und multimediale Objektanbindung bzw. Breitband- und Ultra-Breitband-Objektversorgung;*

- *für die kommunikationstechnische und multimediale Verkehrswege- und Stadt-Infrastrukturversorgung;*

- *für die kommunikationstechnische Umsetzung der INDUSTRIE 4.0 – Vorhaben sowie für die Schaffung der kommunikationstechnischen Voraussetzungen des IoT (Internet of Things) bzw. IIoT (Industrial Internet of Things);*

- *für die Schaffung der sensorischen und übertragungstechnischen Infrastrukturen für die flächendeckende Umsetzung der Fahrzeug-Autonomie-Vorhaben bzw. für die Einführung selbststeuernder land-, luft- und seemobiler Verkehrsmittel.*

2. Hintergrund des Projektes:

Die rasant zunehmende Zahl informationstechnisch zu versorgender Adressaten sowie die damit einhergehende signifikante Differenzierung der Versorgungswege, der Versorgungsbedingungen sowie der Versorgungsansprüche und Versorgungsdienste erfordert die vollständige Überarbeitung der strategischen Ausrichtung künftiger Netzwerkarchitekturen sowie Übertragungstechniken. Allein der Wachstumsgradient des mobilen Marktes bedingt die konsequente Fokussierung auf drahtlose Übertragungstechniken. Dieses Erfordernis berücksichtigend, werden drahtlose Netze mit dem Leistungspotential, Daten und Informationen unbegrenzter Größe, ob als Sprachinformationen, Bildinformationen oder Daten, ultraschnell transportieren zu können, nicht nur als Transportmittel unserer eingegebenen Daten oder Informationen dienen, sondern sie bilden die Grundlage für das in gleicher Weise signifikant an Stellenwert zunehmende Feld der Erfassungs- und Erkennungsaufgaben, deren Wertigkeit unabdingbar im Zusammenhang mit der Zugänglichkeit virtueller Welten oder der Mobilitätsautonomie bzw. der Autonomie mobiler Passagier- und Frachtbeförderungsmittel zu sehen ist. Diese omnipotenten Möglichkeiten erschließen sich mit den Mitteln und Möglichkeiten geeigneter Übertragungs- und Erfassungstechniken, deren Wirkungsprinzipien uns immer mehr und immer weitere Gestaltungsperspektiven eröffnen.

Stationary and Airmobile Wing Network Structure

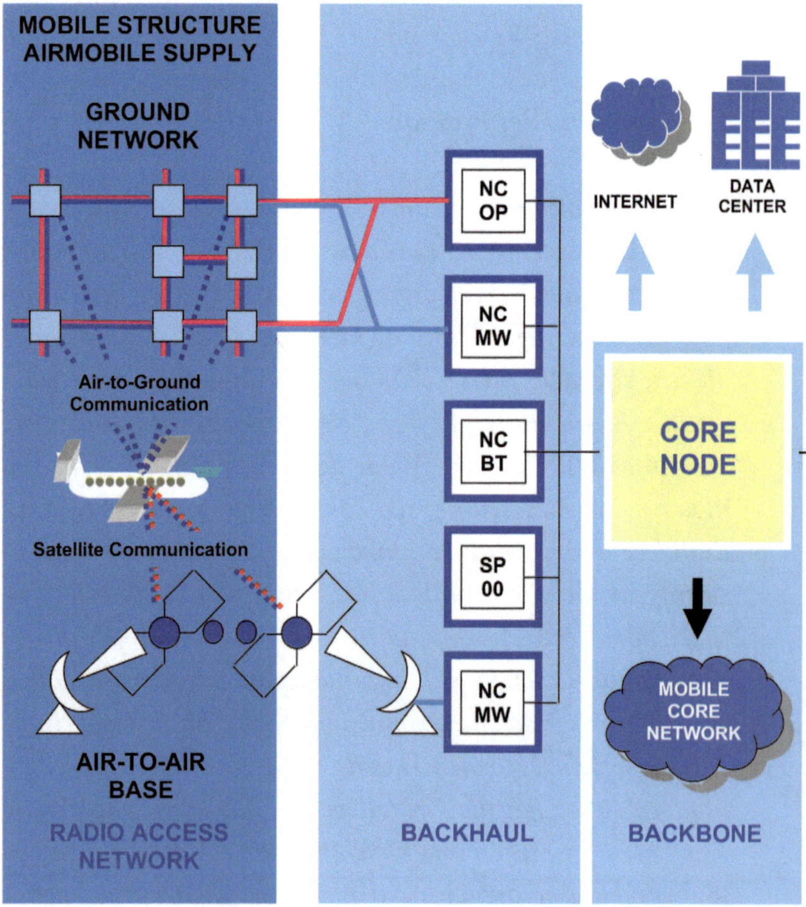

Drahtlose Übertragungsnetze, die in tatsächlicher Weise netzartig, also bestehend aus Knoten und Maschen, agieren, wobei man sich auf der Basis einer illustrativen Betrachtungsweise die Knoten durch Transponder und die Maschen durch Übertragungswege ersetzt vorstellen muss, bieten uns die Möglichkeit Informationen beliebiger Natur und Größe zwischen den verschiedensten Orten und über beliebige Distan-

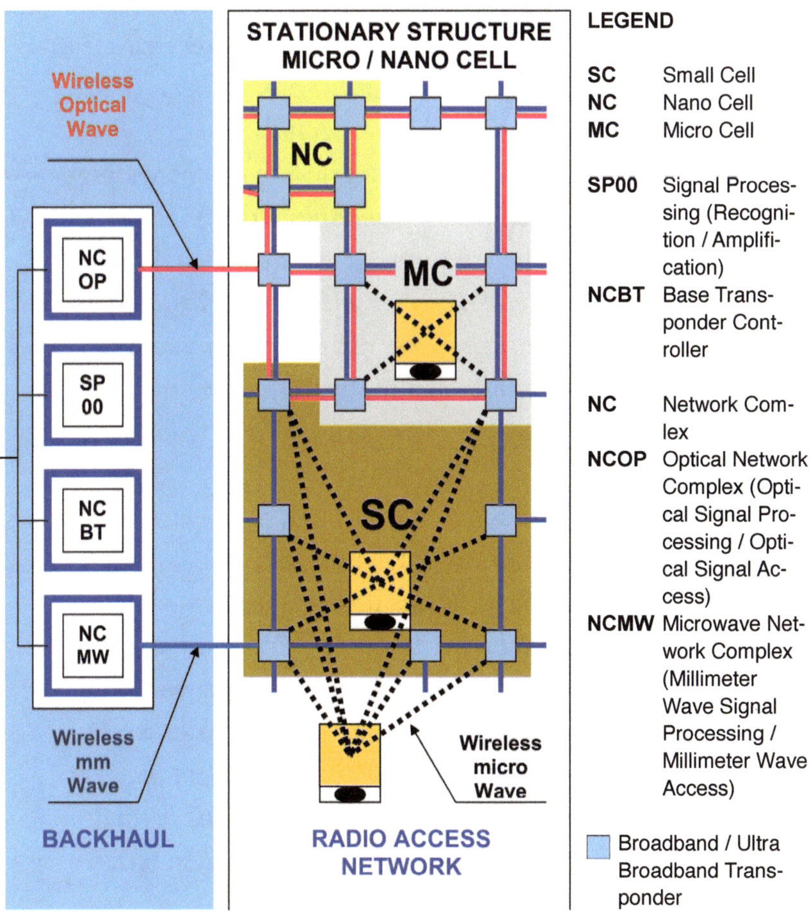

zen zu transportieren. Insofern bilden die Netztransponder in gewisser Weise intelligente Relaisstellen mit den Aufgaben und Möglichkeiten des Sendens und Empfangens informationsbehafteter Signale, des Verstärkens und des Regenerierens, des Routen- und Adressierungsmanagements und weiterer Funktionalitäten. Hierbei ist die Intelligenz zunächst auf programmierbare bzw. programmierte Abläufe begrenzt. Naheliegenderweise eröffnet sich in diesem Zusammenhang auch die Möglichkeit und Perspektive der Generierung von Netzstrukturen mit adaptiver Intelligenz oder neuronalem Potential. Erweitert man nun die Funktionalität dieser Netztransponder, indem man diese nicht nur auf die Belange der Informationsübertragung beschränkt, sondern stattet diese mit sensorischen, soll heißen, mit erfassenden Mechanismen aus, dann lässt sich der Anwendungshorizont um perspektivreiche Dimensionen, beginnend mit den Aufgaben der globalen und flächendeckenden sensorischen Erfassung von Umweltdaten über die Erfassung verkehrsrelevanter Bewegungs- und Statusinformationen bis zur Erfassung mobilobjekt- oder personenbezogener Bewegungsprofile, ergänzen.

Eine Vielzahl von für uns interessanten und zugänglichen Erfassungsgrößen lässt sich in zugeschnittene digitale Signaturen wandeln und damit nicht nur übertragen, sondern auch mittels intelligenter Methoden bewerten. Erkennen und bewerten lässt sich somit auch unser gesamtes, uns im alltäglichen Leben auf die vielfältigste Art begegnendes visuelles oder audiovisuelles Umfeld. Und diese Erkennbarkeit tangiert dabei die unterschiedlichsten Aspekte, aber in ganz besonderem Maße unser eigenes Verhalten und das Verhalten unserer mitmenschlichen Umgebung.

Das heißt aber auch, und das soll hier alleinig und punktuell im Vordergrund stehen, unseren Kommunikationsnetzen wird schrittweise, aber unwillkürlich gezielt mehr und mehr die Mission der Status- und Verhaltensbeobachtung, der Status- und Verhaltensbewertung sowie der Status- und Verhaltenskontrolle, d. h. der Überwachung und d. h. auch der in zunehmendem Maße flächendeckenden Statuserfassung und Statusüberwachung, übertragen.

Zur Person: Dr. habil. Dr.-Ing. Lutz Rothe

Jahrgang 1951

1969 - 1973: Studium der Informationstechnik an der Technischen Universität Ilmenau (Thüringen)

1973 - 1979: Wissenschaftlicher Mitarbeiter am Institut für Mikrowellentechnik der Technischen Universität Ilmenau / Thüringen

1979 - 1986: Sachgebietsleiter am Institut für technische Untersuchungen Berlin

1987 - 1992: Assistenzprofessor am Institut für Mess- und Sensortechnik der Technischen Hochschule Leipzig / Sachsen

1990 - 1992: Geschäftsführender Direktor des Institutes für Mess- und Sensortechnik der Technischen Hochschule Leipzig / Sachsen

Seit 1993: Unternehmerische Projektführung und Projektumsetzung

Seit 2007: Technologiestrategische Unternehmensberatung

Akademische Abschlüsse

1973: Abschluss des Studiums mit dem akademischen Grad „Dipl.-Ing."

1978: Promotion / Erlangung des akademischen Grades „Dr.-Ing."

1988: Habilitation / Erlangung des akademischen Grades „Dr.-Ing. habil."

1988: Erlangung der akademischen Lehrbefähigung „Facultas docendi"

Publikationen

52 nationale und internationale wissenschaftliche Publikationen

Patente

Erfinder und Miterfinder von 104 nationalen und internationalen Schutzrechten / Patenten

4.7. Das neue Konzept: im Verbraucher ist intern die Energieversorgung

In diesem Kapitel sind Anregungen beschrieben, die sehr deutlich machen, wie das Umdenken zur neuen, ingenieurgemäßen Denk- und Arbeitsweise alle Bereiche der Energiewirtschaft, aber auch deren Anwendungen im öffentlichen Leben, der Wirtschaft und im privaten Leben betreffen werden; die Energienutzung aus der Strahlungsenergie verändert das Leben weltweit.

Die revolutionäre Veränderung wird sein, das ein großer Teil des Energieverbrauches direkt vor der Nutzung produzierbar ist. An der Elektromobilität ist dies plausibel zu erläutern:

1. Die Konstruktion aller Karosserie- und Ausstattungsteile berücksichtigt sowohl das Ziel der Energieerzeugung im Stillstand als auch im Fahrbetrieb. Das Elektromobil zieht nicht mehr ausschließlich aus dem Speicher Strom, sondern wandelt aus Strahlung während des Fahrbetriebes Energie, die den direkten Verbrauch für notwendige Aggregate (Motor, Heizung, Licht, Klima usw.) sichern. Alle anderen Vorschriften sind sinngemäß anzugleichen.
   Der neue Denkansatz heißt: Die Strahlungsenergie sichert die Mobilität durch dezentrale Stromproduktion und es wird damit die Ladestation unnötig!

2. Die Batterie wird zum Puffer zwischen der Energieproduktion und dem Verbrauch im Fahrbetrieb. Je nach aktueller Fahrleistung wird mehr oder weniger

Energie verbraucht (Beschleunigen, Abbremsen), sodass auch während des Fahrbetriebes die Batterie weiter aufgeladen werden kann. Eine Batteriegröße für 20 - 30 km direkten Fahrbetrieb als Batteriepuffer ist völlig ausreichend.
Definitiv dienen Fahrpausen bei langen Entfernungen zur Erholung des Fahrers und zum Aufladen der Batterie ohne Ladesäule. Gleiches gilt für viele andere Anwendung, die wir hier nicht weiter diskutieren wollen.

Wie immer ist zu Beginn einer neuen revolutionären Energietechnologie nicht vollends überschaubar, welche Anwendungen es in 30, 50 oder 100 Jahren geben wird. Die Zuse 3 als erster Computer ist meines Empfindens nach ein gutes Beispiel.

Wir können alle heute genutzten Geräte andenken, die mit einem Kabel am Stromnetz hängen.

Das sind zum Beispiel:

- Fernseher
- Computer
- Kühlschrank, Tiefkühlschrank
- Küchenherd
- Klimaanlagen
- Heizungen usw.

Aber eine ganz neue Qualität bringt das „ewige Licht“ zu den Menschen: Der Fernseher mit einem Neutrinovoltaik®-

Kraftwerk arbeitet überall auf unserem Planeten: in der Wohnung, in der Natur und im Auto selbst.

Eines ist sicher: Der Rohstoff steht kostenlos und gleich verteilt weltweit zur Verfügung und die Menschheit muss sich nicht mehr über Rohstoffe streiten. Die Menschheit wird dann auch in den unterschiedlichen Regionen ohne große Stromverbundnetze alle Vorzüge der Industrialisierung nutzen können. Das „ewige Licht" ist ein ideales Entwicklungshilfeprogramm.

Die Voraussetzung zur weltweiten Klimastabilisierung ist gegeben, denn die Grundlastenergien sind in ausreichender Größenordnung für alle und alles verfügbar! Jeder Staat kann Ökonomie und Ökologie versöhnen; ein Segen für den Planeten und die Menschheit.

Das Leben ist schön!
Aber mit Neutrinovoltaik® kann es
noch schöner sein!

5. Ausblick in das neue Zeitalter ohne Verbrennungsenergie und ohne Atomkraftwerke

Jede Veränderung beginnt mit einer Idee, an die anfänglich nur wenige glauben. Wenn dann erste wissenschaftlich fundierte Ergebnisse vorliegen, werden Grundpfeiler von Wissenschaftsdisziplinen erschüttert, sodass die „Experten" (Traditionalisten) mit Spott und Verachtung das Neue versuchen zu herabwürdigen. In der kurzen Geschichte der Menschheit auf unserem Planeten gehört die Form der Überheblichkeit und des Negierens des Fortschrittes zu den „normalen" Formen des gesellschaftlichen Tuns und Handelns; selbst Strafverfolgung wegen angeblicher Straftaten wird konstruiert. Der Autor dieses Buches kennt in Verbindung mit dem Eintreten für Innovation und Veränderungen diese Situation nur zu gut, aber auch viele Freunde der Neutrino® Idee wurden verfolgt, wurden in die „kriminelle Ecke" gestellt.

Nachdem die Thesen zur Energiegewinnung aus Strahlungsenergie zur bewiesenen Theorie geworden sind, müssen die Konsequenzen und Entwicklungswege für unseren Planeten zur Einheit von Ökonomie und Ökologie durch die Nutzung von Strahlungsenergie als permanente, erneuerbare Energie dargestellt werden.

Dann ergibt sich eine neue Entwicklung mit den eigentlichen Möglichkeiten auf unserem Planeten und dem Universum. Seit Hunderten Millionen von Jahren stehen diese Möglichkeiten zur Verfügung, aber die „Umwege" über die Energieproduktion waren notwendig, um durch das „ewige Licht" die Umwandlung der Strahlung in Energie zu erlernen, zu verstehen und daraus eine Technologie zu machen – die Neutrinovoltaik®!

Auch muss die Furcht und Angst vor den „Rohstoffen der natürlichen Strahlung" aufgeben werden, denn diese sind seit Ewigkeiten unserem Planeten zugänglich und in der Wirkung immer positiv gewesen.

Nach dem Zeitalter der „Verbrennung von fossilen Bodenschätzen" ist es angesagt, diese Denkweise konsequent und ohne Einschränkungen aufzugeben und sich einerseits den erneuerbaren Energien aus Wind, Sonne und Wasser sowie andererseits der Neutrinovoltaik® hinzuwenden. Letztere kann als permanente Energie zur Grundlastenergie für die gesamte Menschheit entwickelt werden ohne Einschränkung von Ort und Zeit, also immer dezentral verfügbar.

5.1. Die Neutrinovoltaik® – die Lösung für die Energieprobleme und die Klimastabilisierung

Es hört sich wie ein Traum an, wird aber in wenigen Jahren alltagsfähig sein: Kraftwerke, die dezentral in der Lage sind aus der Strahlungsenergie über die neue Technologie der Neutrinovoltaik® die benötigte Energie vor Ort für Normalverbraucher herzustellen.

Anfänglich hat ein Normalverbraucher maximal 5 KWh Leistungin der Pilotphase in seinem Kraftwerk zu erwarten. Nach den jetzigen Erfahrungen können die 5 KWh in einem Bereich von ca. 1 m^2 erzeugt werden. Innerhalb von 1 m^2 zwei oder drei Kraftwerke zu installieren wird mit einer Leistungseinbuße der Neutrinovoltaik®-Module einhergehen und zurzeit als noch nicht für sinnvoll gehalten, da gegenseitige Beeinflussungen die jeweilige Leistung eines Kraftwerkes reduzieren. Das kann zur Mitte unseres Jahrhunderts bereits deutlich anders sein. Auch wird die Neutrinovoltaik® den Wirkungsgrad schrittweise verbessern.

Letztlich ist bei den Anwendungen immer daran zu denken, dass die dezentrale Anwendung auch sichert, den Überschuss über das Netz zu sammeln und Großverbraucher zu versorgen.

Völlig neue Entwicklungen werden auf Grund der revolutionären Veränderung der ingenieurgemäßen Denk- und Arbeitsweise möglich:

1. Erzeugung der Energie im Verbraucher; die Unabhängigkeit vom Netz entsteht!

2. Die Speicherung von Elektroenergie mit dem Ziel großer Speicherinhalte ist nicht mehr notwendig; höchstens kleine Puffer müssen vorgehalten werden, um heterogene Energiesituationen auszugleichen.

3. Durch die große Anzahl kleiner, dezentraler Energieerzeuger wird einerseits
   - der eigene Energiebedarf im Haushalt zum Beispiel und in Unternehmen abgedeckt, andererseits
   - wird nicht notwendige Energie über das Netz zur Versorgung von Großverbrauchern in der Industrie zur Verfügung gestellt.

4. Die Bedeutung des Netzes verändert sich grundlegend,
   - denn die Verteilung der Energie vom Großerzeuger wird umgewandelt in
   - das Einsammeln der Energie bei dezentralen Produzenten.

5. Die Frage des „Abschaltens von fossilen Kraftwerken oder Atomkraftwerken“ wird letztlich mit der vorhandenen Energie aus Sonne, Wind, Wasser und Strahlungsenergie begründet und deren Wachstum gibt den Zeitplan vor.

6. Ein evolutionärer Übergang zur CO_2-freien Energiegewinnung ist geboren und die Flexibilität der freien Gesellschaft ist garantiert.

7. Die Abhängigkeit von regulatorischen Maßnahmen sowie die staatlichen Vorgaben von Einschränkungen sind nicht erforderlich, denn Energie ist bedarfsgerecht vorhanden. Projekte für die weitere Begrünung des Planeten werden unterstützt durch „gesunde Energiekraftwerke“ für die Meeresentsalzung. Wüsten müssen nicht Wüsten bleiben, denn die Energie – das ewige Licht – kann steigende Meeresspiegel nutzen, um große Bewässerungsstrategien zu entwickeln.

8. Der Mangel an Energie ist damit behoben!

5.2. Individuelle Energieversorgung – frei von Ideologie in der Mobilität

Nach den gegenwärtigen Kenntnissen wird es möglich werden, auch in den wesentlichen Bereichen der Mobilität (Auto, LKW, Schifffahrt, Bahn) mit Hilfe der Neutrinovoltaik® revolutionäre Veränderungen zu erreichen.

Die Vorstellung, Elektromobilität lässt sich mit Ladestationen, Großbatterien und begrenzten Reichweiten in sinnvoller Form realisieren, muss jeden Bürger, der über Zusammenhänge nachdenkt, zweifeln lassen. Gigantische Rohstoffverbräuche von knappen Ressourcen setzen Grenzen, die bei einem Bestand von ca. 48 Millionen Fahrzeugen allein in Deutschland die Frage stellen: Wie viele Großbatterien können jährlich wie lange überhaupt gebaut werden?

Wo sollen die vielen Ladestationen installiert werden und dennoch ausreichend Parkplätze für Verbrenner existieren?

Die Antwort ist kurz, knapp, aber folgerichtig:

- Großbatterien können nicht in allen notwendigen Fahrzeugen installiert werden. Den Mangel regelt der Preis und schon ist das soziale Problem da: Die Reichen können sich große, teure Batterien leisten; die Neutrinovoltaik® ist um vieles preiswerter und damit auch für alle erschwinglich!

- Durch die hohe Verdichtung in Deutschland ist es ausgeschlossen, sowohl in Städten als auch auf Rastplätzen der Autobahnen ausreichende Kapazitäten zum Nachladen der Batterien zu schaffen. Auch müssen die elektrischen Ausschlusswerte deutlich erhöht werden. Und die Planungszeiten?

- Wo soll bei Wegfall der Öl- und Gasproduktion denn der gesamte Strom herkommen? In Deutschland wäre das z. B. eine Konjunktur für die Braunkohleverbrennung, in Frankreich und vielen anderen Staaten der Welt die Förderung der Atomenergie.

Die Strahlungsenergie steht 24 Stunden lang überall zur Verfügung. Die Lösung ist logisch, einfach und preiswert:

- Jedes Fahrzeug erhält ein angemessenes Kraftwerk und stellt permanent Energie her: im Stillstand und im Fahrbetrieb.

- Deshalb wird kein Speicher gebraucht, sondern nur ein kleiner Puffer in der heutigen Größenordnung als „normale Batterie".

- Der Speicher ist der permanente Vorrat an Neutrinos auf unserem Planeten. Das „ewige Licht" ist eine unerschöpfliche Energiereserve. Endlich können wir diese Strahlung nutzen.

Wir werden mit einer Beispiellösung die Machbarkeit dieser Idee nachweisen. Gleiches gilt für LKW, Schiffe und die Bahn.

Alle können viele Quadratmeter Fahrzeugfläche bewegen, die über die ankommende Strahlungsenergie nutzbar gemacht werden können.

Aber nicht zu vergessen sind alle Anwendungen in Wirtschaft, Industrie, Krankenhäusern und im Haushalt!

Die Mobilitätsauswahl wird unterstützt durch die Natur – das Weltall –, aber wir müssen es nutzen wollen, das „ewige Licht".

5.3. Ausblick

„Wenn du Glauben hast wie ein Senfkorn, dann kannst du Berge versetzen!“ (Die Bibel)

Und es war ein harter Weg bis jetzt, bis zur sicheren Erkenntnis, dass sich die natürliche und künstliche Strahlung in Energie umwandeln lässt. Dieses Bibelwort ist für die Akteuren bei Beginn der Entwicklungen maßgeblich gewesen. Und es hat sich gelohnt, zuerst an die Nutzung von natürlichen Energien zu glauben, bevor mit einer neuen ingenieurgemäßen Denk- und Arbeitsweise die technisch-technologischen Entwicklungen aus der Hypothese die nachgewiesene Theorie Wirklichkeit werden ließen.

Wir können mit Selbstvertrauen, Anstrengung und Mut unseren Planeten retten. Es ist eine gemeinsame Aufgabe, völlig neue Wege zu gehen.

„Das ewige Licht – der Beginn eines neuen Zeitalters“ gelingt nur dann, wenn die Strahlungsenergie endlich als „Rohstoff“ für die weltweite Energieerzeugung anerkannt und genutzt wird! Dann kann bis 2050 durch die Einheit von Ökonomie und Ökologie ohne Atomenergie die CO_2-Neutralität erreicht werden.

„Friday for Future“ with Neutrinovoltaik® – das ist die Aufgabe der die Jugend von heute und die Lösung weiterer Probleme. Das „ewige Licht“ hilft mit jungen, neuen Ideen für Ökonomie und Ökologie ein zukünftiges gutes und gesundes Leben auf unserem Planeten zu garantieren!

6. Prof. Dr.-Ing. Konstantin Meyl: Ein Kämpfer und Pionier für neue Energielösungen

Es gab schon lange vor Gründung (2008) der Neutrino Deutschland GmbH Wissenschaftler, die aus einer Minderheitenmeinung heraus Teile der Grundlagenforschung im Bereich der Physik überdacht haben.

Dr.-Ing. Konstantin Meyl (re.) mit dem CEO der Neutrino Deutschland GmbH, Holger Thorsten Schubart

Der als Professor für Leistungselektronik an der Hochschule (Fachhochschule) Furtwangen berufene Dr.-Ing. Konstantin Meyl befasste sich u.a. mit der Elektrodynamik und er stellte fest, dass die sogenannten Maxwellschen Gleichungen als Grundlage unvollständig, ja sogar ungeeignet sind. Wie immer spürte auch Prof. Dr. Meyl den Widerstand der Traditionalisten, die selbst in den eigenen Reihen der Hochschule ein Lehrverbot für neue Auffassungen gegen ihn aussprachen.

Mit dem Buch „Neutrino Power“ hat er auch Ideen, Grundlagen und viele Anregungen aus theoretischen wie praktischen Erfahrungen gegeben, die in die Entwicklungen der Neutrino® Unternehmen eingegangen sind und deshalb auch als Teil der Grundlagen der Neutrinovoltaik® angesehen werden können.

Prof. Dr. Konstantin Meyl ist durch seine Tätigkeit auch in der Wissensvermittlung ein geachtetes Mitglied im wissenschaftlichen Beirat der Neutrino® Gruppe, der sich aus Persönlichkeiten vieler Staaten der Weltgemeinschaft zusammensetzt (siehe Seite 215).

7. Anlagen

7.1. Notarurkunde vom 19. September 2018 vom Berliner Notar Martin Wörle erstellt

Beglaubigte Abschrift

Urkundenrolle-Nr. 922/2018

- durchgehend einseitig beschrieben -

Aufgenommen

am 19. September 2018

von dem unterzeichnenden Notar

Martin Wörle

in Berlin

2

Am 19. September 2018 erschienen gegen 12:30 Uhr in meinen Geschäftsräumen:

1. Herr Holger Thorsten Schubart,
   geboren am 10.04.1965,
   wohnhaft in Berlin
   geschäftsansässig c/o Neutrino Deutschland GmbH, Unter den Linden 21, 10117 Berlin,
   dem Notar von Person bekannt,

2. Frau Syrena Oppe,
   geboren am 22.04.1963,
   wohnhaft in 14612 Falkensee,
   geschäftsansässig c/o Neutrino Media Unter den Linden 21, 10117 Berlin,
   dem Notar von Person bekannt,

3. Herr .
   geboren am
   wohnhaft in
   ausgewiesen durch bundesdeutschen Personalausweis,

4. Herr
   geboren am
   ausgewiesen durch Personalausweis

5. Herr !
   geboren am
   ausgewiesen durch bundesdeutschen Personalausweis.

Der Erschienene zu 1 ist allein vertretungsberechtigter Geschäftsführer der Neutrino Deutschland GmbH mit Sitz in Berlin, eingetragen im Handelsregister des Amtsgerichts Charlottenburg unter HRB 159969 B.

Die Erschienene zu 2 ist allein vertretungsberechtigte Geschäftsführerin der Neutrino ENERGY Media UG (haftungsbeschränkt) mit Sitz in Berlin, eingetragen im Handelsregister des Amtsgerichts Charlottenburg unter HRB 132912 B.

Der Erschienene zu 3. ist wissenschaftlicher Beirat der Neutrino Deutschland GmbH.

Der Erschienene zu 4. ist wissenschaftlicher Beirat der Neutrino Deutschland GmbH und zudem Wissenschaftler und

Der Erschienene zu 5. is

Der Erschienene zu 1. bat mich, eine Niederschrift über meine Wahrnehmungen aufzunehmen. Meine Beobachtungen gebe ich nachfolgend wieder:

3

Der Erschienene zu 4. breiteten auf dem Glas-Besprechungstisch in meinem Besprechungsraum ein Spannungsmessgerät sowie eine beschichtete Folie aus. Die Erschienene zu 2. legte ein zweites Spannungsmessgerät hinzu. Zwei Scheren wurden aus meinem Sekretariat zur Verfügung gestellt.

Bei der Folie, die vom Erschienenen zu 4. mittels Zollstock vermessen wurde und die eine Größe von 21 cm x 30 cm hat, was ungefähr einem DIN A4-Blatt entspricht, handelt es sich angabegemäß um eine Folie nach Basispatent (Patent-Nr. WO2016142056A1).

Ich überzeugte mich davon, dass die Folie frei von jeglicher Stromzufuhr auf dem Tisch lag. Es war für mich nicht erkennbar, dass an der Folie in irgendeiner Form ein Kabel zur Stromversorgung oder eine Batterie angeschlossen waren. Auch die beiden Spannungsmessgeräte wiesen keine für mich sichtbare Stromzufuhr mittels Stromversorgungskabel auf.

Von dem bereitgelegten Folienstück mit den Maßen 21 cm x 30 cm wurden von dem Erschienenen zu 4. mehrere etwa 3 cm x 3 cm große Stücke abgeschnitten.

Zunächst wurde an einem dieser 3 cm x 3 cm großen Folienstücke mit Hilfe des von dem Erschienenen zu 4. mitgebrachten Spannungsmessgeräts die Spannung gemessen. Dafür wurde eine Messklemme des Spannungsmessgeräts an eine der beiden Metallklingen der Schere geklemmt. Die Folie wurde auf die Metallklingen der Schere gelegt und die zweite Messklemme des Spannungsmessgerätes von oben auf die Folie gedrückt. Hierbei zeigte die digitale Anzeige des Spannungsmessgerätes deutlich sichtbare Ausschläge, die leichten Spannungsschwankungen unterlagen.

Diese Versuchsanordnung wurde sodann mit dem von der Erschienenen zu 2. mitgebrachten Spannungsmessgerät wiederholt. Auch hier zeigten sich deutlich sichtbare Ausschläge, die ebenfalls leichten Spannungsschwankungen unterlagen.

Sodann wurde die Versuchsanordnung mit jedem Messgerät, jedoch mit zwei bzw. drei übereinander gelegten Folienstücken mit der Größe von ca. 3 cm x 3 cm wiederholt. Hier wurde sichtbar, dass sich bei Verdopplung der Folienfläche (2 übereinander gelegte Folienstücke von je 3 cm x 3 cm) die Spannung ungefähr verdoppelte und bei Verdreifachung der Folienfläche (3 übereinandergelegte Folienstücke von je 3 cm x 3 cm) entsprechend ungefähr verdreifachte. Auch hier waren Spannungsschwankungen an den jeweiligen Spannungsmessgeräten erkennbar.

Sodann wurde mit dieser Versuchsanordnung an dem vom Erschienenen zu 4. mitgebrachten Spannungsmessgerät ein über 10 Sekunden andauernder Kurzschluss verursacht, um einen Batterieeffekt auszuschließen. Nach Öffnung des Kurzschlusses, lag an der Folie sofort wieder die vor dem Kurzschluss gegebene Spannung an. Der Kurzschluss-Versuch wurde ein zweites Mal mit dem selben Ergebnis wiederholt. Zunächst lag während des Kurzschlusses kein Ausschlag am Spannungsmessgerät an. Nach Aufhebung des Kurzschlusses wurde an der Folie wieder Spannung gemessen, die am Spannungsmessgerät angezeigt wurde.

4

Anschließend wurde noch ein elektrischer Verbrauch demonstriert. Hierfür hat der Erschienene zu 4. verschiedene Leuchtdioden in verschiedenen Farben vorgelegt. Die Leuchtdioden wurden jeweils nacheinander mit ihren Polen an den Folienstapel aus mehreren übereinandergelegten Folienstücken angelegt. Die Dioden, die angabegemäß jeweils unterschiedlichen Spannungsbedarf aufwiesen, leuchteten für mich deutlich sichtbar in ihren jeweiligen Farben auf.

Danach endete meine Beobachtung um ca. 13:00 Uhr.

Während der ganzen Versuchsvorführung gab der Erschienene zu 4. erläuternde Erklärungen ab. Der Erschienene zu 1. und die Erschienene zu 2. machten mit ihren jeweiligen Mobiltelefon Filmaufnahmen. Der Erschienene zu 5. filmte die Demonstrationen mit einer Kleinkamera.

Ich konnte mich davon überzeugen, dass während der unterschiedlichen Versuchsanordnungen in keiner Weise der Folie oder den Spannungsmessgeräten Strom über ein Stromversorgungskabel oder eine Batterie hinzugeführt wurde.

Ich habe jeweils beobachtet, dass der Erschienene zu 4. sämtliche Versuche selbst durchführte.

Die Niederschrift wurde von dem Notar aufgenommen und von ihm eigenhändig wie folgt unterschrieben:

NEUTRINO DEUTSCHLAND GmbH
Unter den Linden 21 – D-10117 Berlin

Leistungsmessungen einer Folie aus Metall oder Metalllegierung gemäß Patentanmeldung WO2016142056A1, einfachste Basisausführung einer Folie Aluminium, Testgröße 30 x 21cm, Stärke 0,1 mm, im Auftrag der Neutrino Deutschland GmbH

PROTOKOLL

Datum: 19.09.2018
Uhrzeit: 12:30 bis 13:30 Uhr
Ort: Notariat Kliemt & Vollstädt, Monbijouplatz 10 a, 10117 Berlin
Messungen erfolgen im Besprechungsraum auf einem Glastisch, Glasplatte (Isolator) mit Mindeststärke von 2 cm
Teilnehmer: Holger Thorsten Schubart (Geschäftsführer der Neutrino Deutschland GmbH), Syrena Oppe (Geschäftsführerin der Neutrino ENERGY Media UG)/ Mitarbeiter der Neutrino Deutschland GmbH, Wissenschaftliche Beiräte, Journalist, Notar und Notarfachangestellte des Notariats. Aus Sicherheitsgründen werden hier keine weiteren Namen von anwesenden Personen aufgeführt, diese sind aber der Notarurkunde zu entnehmen.

Zweck der Maßnahme: Eine notarielle Tatsachenbeurkundung soll durchgeführt werden, die den Nachweis erbringt, dass während der Leistungsmessungen der Folie, gemäß der Patentanmeldung WO2016142056A1, keine externen Energiequellen angeschlossen waren.

Eingesetzte Messgeräte: 2 x Standard, handelsübliche Vielfachmessgeräte (VOLTCRAFT VC175) u. a.
Dokumentation: 3 Videokameras filmten den Versuchsaufbau aus unterschiedlichen Blickwinkeln

Notarielle Tatsachenfeststellung: Die vorliegende Folie/Neutrino® Folie gibt elektrische Energie ab. Urkunde des Notars UR 922/2018 (siehe Anlage)

- 2 -

Die vorliegende gemäß Patentanmeldung beschichtete Folie (einfachste Basisausfertigung) wurde mit einer handelsüblichen Schere in Stücke mit einer Kantenlänge von 1 bis 3 cm geschnitten. Zum Zwecke des Nachweises, dass sich kein Batterieeffekt auf der Folie befindet, wurden mind. 3 vorsätzlich herbeigeführten Kurzschlüsse größer 15 Sekunden durchgeführt.

Die Messergebnisse der Basisentwicklung auf Leistungsabgabe stellten sich danach wie folgt dar:

Bezogen auf eine Fläche von 1 - 3 cm Kantenlängen wurden mindestens 0,3 mA und eine Spannung zwischen 0,5 und 1,2 V gemessen. Es wurden insgesamt mehr als 10 Messungen, abwechselnd mit beiden Messgeräten, durchgeführt, die jeweils identische Messwerte aufzeigten.

Die geschnittenen kleinen Folienstücke wurden auch übereinandergestapelt gemessen und die gemessene elektrische Spannung erhöhte sich jeweils um die Größe der vormals gemessenen einzelnen Folie, d. h. sie potenzierte sich mit der Anzahl der gestapelten Stücke.

Hochgerechnet auf 1 dm^2 ergäbe dies 30 mA und hochgerechnet auf 1 m^2 ergäbe dies mindestens 3 A Strom bei maximal 1,2 Volt respektive einer Leistungsausbeute von mindestens 3,6 W. Theoretisch wären dann auf 1 m^3 bei 0,1 mm Foliendicke (Stapel) eine Leistung von mindestens 3,6 W mal 10'000 gleich 36'000 Watt oder 36 KW möglich.

Aufgenommen: 19. Sept. 2018

NEUTRINO Deutschland GmbH
THE ENERGY OF THE FUTURE
www.neutrino-energy.com

Holger Thorsten Schubart

NEUTRINO GROUP
THE ENERGY OF THE FUTURE

Syrena Oppe

THE ENERGY OF THE FUTURE

Neutrino Deutschland GmbH
Unter den Linden 21 - 10117 Berlin GERMANY
T +49 30 20924013 office@neutrino-energy.com
AG Charlottenburg - HRB 159969 B - DE296043946
Geschäftsführer: Holger Thorsten Schubart
Berliner Sparkasse BIC: BELADEBEXXX
IBAN: DE64 1005 0000 0190 4597 60

NEUTRINO GROUP
www.neutrino-energy.com
D 187706
Neutrino, Inc.
Holger Thorsten Schubart (President & CEO)
609 North Rodney Street, Helena,
Montana 59601 USA

7.2. Anmeldung des Patentes Nr. WO2016142056 vom 7. März 2016

Europäisches Patentamt
European Patent Office
Office européen des brevets

Auszug aus dem europäischen Patentregister

Übersicht: WO2016142056

WO2016142056 - FILM MADE OF METAL OR A METAL ALLOY [Mit Rechtsklick auf diesen Link können Sie ein Bookmark anlegen.]

Status	Veröffentlichung bereits erfolgt *Status aktualisiert am 21.09.2016* *Datenbank zuletzt aktualisiert am 31.10.2016*		
Letztes Ereignis	21.09.2016	PCT-Daten vor europäischer Veröffentlichung	
Anmelder	Für alle benannten Staaten Neutrino Deutschland GmbH Leipziger Platz 9 10117 Berlin / DE		
	[N/P]		
Erfinder	01 / SCHUBART, Holger Thorsten Unter den Linden 10117 Berlin / DE		
	[N/P]		
Anmeldenummer, Anmeldetag	16720042.7	07.03.2016	
	WO2016EP00410		
Prioritätsnummer, Prioritätstag	DE20151002789	06.03.2015 Ursprünglich veröffentlichtes Format: DE102015002789	
	DE20151014721	17.11.2015 Ursprünglich veröffentlichtes Format: DE102015014721	
Anmeldesprache	DE		
Verfahrenssprache	DE		
Veröffentlichung	**Art:**	A1 Anmeldung mit Recherchenbericht	
	Nr.:	WO2016142056	
	Datum:	15.09.2016	
	Sprache:	DE	
	Die Anmeldung wurde von der WIPO am 15.09.2016 in einer der Amtssprachen des EPA veröffentlicht.		
	[2016/37]		
Internationale und ergänzende Recherchenberichte	**Internationaler Recherchenbericht - veröffentlicht am:**	EP	15.09.2016
Klassifikation	**Internationalen:**	G01T1/00	
Benannte Vertragsstaaten	AL, AT, BE, BG, CH, CY, CZ, DE, DK, EE, ES, FI, FR, GB, GR, HR, HU, IE, IS, IT, LI, LT, LU, LV, MC, MK, MT, NL, NO, PL, PT, RO, RS, SE, SI, SK, SM, TR		
Erstreckungsstaaten	BA	Noch nicht entrichtet	
	ME	Noch nicht entrichtet	
Validierungsstaat(en)	MA	Noch nicht entrichtet	
	MD	Noch nicht entrichtet	
Bezeichnung der Erfindung	**Deutsch:**	FOLIE AUS METALL ODER EINER METALLLEGIERUNG	
	Englisch:	FILM MADE OF METAL OR A METAL ALLOY	
	Französisch:	FEUILLE EN MÉTAL OU CONSTITUÉE D'UN ALLIAGE MÉTALLIQUE	
Prüfungsverfahren	gelöscht	Ankündigung der Patenterteilung	
Angeführt in	**Internationale Recherche**		

weltbuch verlag gmbh

Webseite ansehen

[XI]CN103515604 (OCEANS KING LIGHTING SCIENCE) [X] 1-2,6 * abstract * * paragraph [0055] * [I] 3-5,7-8,10-11,15;
[XI]CN103035889 (OCEANS KING LIGHTING SCIENCE) [X] 1-2 * abstract * * paragraph [0048] * [I] 3-5,7-8,10-11,15;
[XI]US2015004494 (TATSUHIRO MORI [TW], et al) [X] 1-2,9 * paragraph [0008] - paragraph [0009] * * abstract * [I] 3-5,7-8,10-15
[XI] XIN SU ET AL, "Silicon-Based Nanomaterials for Lithium-Ion Batteries: A Review", ADVANCED ENERGY MATERIALS, (20140101), vol. 4, no. 1, doi:10.1002/aenm.201300882, ISSN 1614-6832, pages n/a - n/a, XP055159251 [X] 1-2 * abstract * * page 4 - page 5 * [I] 3-5,7-8,10-11,15 DOI: http://dx.doi.org/10.1002/aenm.201300882

(12) NACH DEM VERTRAG ÜBER DIE INTERNATIONALE ZUSAMMENARBEIT AUF DEM GEBIET DES PATENTWESENS (PCT) VERÖFFENTLICHTE INTERNATIONALE ANMELDUNG

(19) Weltorganisation für geistiges Eigentum
Internationales Büro

(43) Internationales Veröffentlichungsdatum
15. September 2016 (15.09.2016)

WIPO | PCT

(10) Internationale Veröffentlichungsnummer
WO 2016/142056 A1

(51) **Internationale Patentklassifikation:** ***G01T 1/00*** (2006.01)

(21) **Internationales Aktenzeichen:** PCT/EP20 16/0004 10

(22) **Internationales Anmeldedatum:** 7. März 2016 (07.03.2016)

(25) **Einreichungssprache:** Deutsch

(26) **Veröffentlichungssprache:** Deutsch

(30) **Angaben zur Priorität:**
10 2015 002 789.1 6. März 2015 (06.03.2015) DE
10 2015 014 721.8 17. November 2015 (17.11.2015) DE

(71) **Anmelder: NEUTRINO DEUTSCHLAND GMBH** [DE/DE]; Leipziger Platz 9, 101 17 Berlin (DE).

(72) **Erfinder: SCHUBART, Holger Thorsten;** Unter den Linden, 101 17 Berlin (DE).

(81) **Bestimmungsstaaten** *(soweit nicht anders angegeben, für jede verfügbare nationale Schutzrechtsart):* AE, AG, AL, AM, AO, AT, AU, AZ, BA, BB, BG, BH, BN, BR, BW, BY, BZ, CA, CH, CL, CN, CO, CR, CU, CZ, DE, DK, DM, DO, DZ, EC, EE, EG, ES, FI, GB, GD, GE, GH, GM, GT, HN, HR, HU, ID, IL, IN, IR, IS, JP, KE, KG, KN, KP, KR, KZ, LA, LC, LK, LR, LS, LU, LY, MA, MD, ME, MG, MK, MN, MW, MX, MY, MZ, NA, NG, NI, NO, NZ, OM, PA, PE, PG, PH, PL, PT, QA, RO, RS, RU, RW, SA, SC, SD, SE, SG, SK, SL, SM, ST, SV, SY, TH, TJ, TM, TN, TR, TT, TZ, UA, UG, US, UZ, VC, VN, ZA, ZM, ZW.

(84) **Bestimmungsstaaten** *(soweit nicht anders angegeben, für jede verfügbare regionale Schutzrechtsart):* ARIPO (BW, GH, GM, KE, LR, LS, MW, MZ, NA, RW, SD, SL, ST, SZ, TZ, UG, ZM, ZW), eurasisches (AM, AZ, BY, KG, KZ, RU, TJ, TM), europäisches (AL, AT, BE, BG, CH, CY, CZ, DE, DK, EE, ES, FI, FR, GB, GR, HR, HU, IE, IS, IT, LT, LU, LV, MC, MK, MT, NL, NO, PL, PT, RO, RS, SE, SI, SK, SM, TR), OAPI (BF, BJ, CF, CG, CI, CM, GA, GN, GQ, GW, KM, ML, MR, NE, SN, TD, TG).

Veröffentlicht:

— *mit internationalem Recherchenbericht (Artikel 21 Absatz 3)*

— *vor Ablauf der für Änderungen der Ansprüche geltenden Frist; Veröffentlichung wird wiederholt, falls Änderungen eingehen (Regel 48 Absatz 2 Buchstabe h)*

WO 2016/142056 A1

(54) **Title:** FILM MADE OF METAL OR A METAL ALLOY

(54) **Bezeichnung** : FOLIE AUS METALL ODER EINER METALLLEGIERUNG

(57) **Abstract:** The invention relates to a film made of metal or a metal alloy, in particular a film made of aluminum or an aluminum alloy, a so-called neutrino or ntrino film (registered trademarks), to a method of production and to a use of a film made of metal or a metal alloy.

(57) **Zusammenfassung:** Die Erfindung betrifft eine Folie aus Metall oder einer Metalllegierung insbesondere eine Folie aus Aluminium oder einer Aluminiumlegierung eine sogenannte Neutrino- oder Ntrino-Folie (registrierte Marken), ein Verfahren zur Herstellung sowie eine Verwendung einer Folie aus Metall oder einer Metalllegierung.

WO 2016/142056 **PCT/EP2016/000410**

Folie aus Metall oder einer Metalllegierung

Die Erfindung betrifft eine Folie aus Metall oder einer Metalllegierung insbesondere eine Folie aus Aluminium oder einer Aluminiumlegierung eine sogenannte Neutrino- oder Ntrino-Folie (registrierte Marken), ein Verfahren zur Herstellung sowie eine Verwendung einer Folie aus Metall oder einer Metalllegierung.

Metallfolien insbesondere Aluminiumfolien sind aus dem Stand der Technik zahlreich bekannt.

Aufgabe der vorliegenden Erfindung ist es, Metallfolien insbesondere Aluminiumfolien weiter zu verbessern. Diese können dann dazu dienen, nicht sichtbare Solarenergie in Gleichstrom zu wandeln, dies erfolgt insbesondere indem Neutrino-Strahlung in Energie gewandelt wird.

Diese Aufgabe wird nach einem ersten Aspekt der Erfindung durch eine Folie aus Metall oder einer Metalllegierung gelöst, wobei die Folie eine Beschichtung aufweist, die Graphen und Silizium aufweist. Auf den metallischen Träger werden in unterschiedlichen Verfahren (aufgedampft, besprüht, aufgeklebt) weitere Materialien in unterschiedlicher Abfolge aufgetragen. Der Effekt der damit erzielt wird besteht darin, dass Bewegungsenergie von Strahlungen (das nichtsichtbare Spektrum der Sonnen- bzw. Raumstrahlung wie z.B. Neutrinos) in Strom gewandelt wird. Dies erfolgt durch eine nanotechnologisch veränderte Gitterstruktur der aufgetragenen Materialien. Die veränderte und verdichtete Gitterstruktur dient als Bremsmedium (beispielsweise dotiertes Graphen) welches die Welle um ca. 0.1 ‰ verlangsamt, indem moleküle des nicht sichtbaren Spektrums der Sonnen- bzw. Raumenergie Moleküle der verdichteten, so nicht in der Natur vorkommenden Gitterstruktur anstoßen. Jene Pendelbewegung wird im nächsten Schritt auf ein Leitermedium übertragen (z.B. Silizium) und dann auf das Überträgermedium (z.B. Aluminium, Silber, Gallium usw.).

Bei dem metallischen Träger bzw. der Metalllegierung kann es sich um eine gängige Legierung handeln. Vorteilhafterweise ist die Folie aus Silber, Gold, Kupfer, Gallium oder Aluminium oder einer ihrer Legierungen, insbesondere aus einer Silber- oder Goldlegierung oder einer Aluminium-Gallium-Legierung. Dabei hat eine Folie aus Aluminium oder einer Aluminiumlegierung Kostenvorteile. Eine Folie aus Silber oder einer Silberlegierung erzielen bessere Werte.

Bei einer Aluminiumlegierung kann es sich um eine gängige Aluminiummetalllegierung handeln. Beispielsweise eine Aluminium-Gold- oder -Silberlegierung ist möglich. Auch andere Legierungen, wie beispielsweise eine Aluminium-Mangan, -Magnesium-, -Kupfer-, -Silizium-, -Nickel-, -Zink-, Berylliumlegierung, sowie deren Mischungen sind möglich.

Besonders vorteilhaft ist, wenn die Folie aus einer Aluminium-Galliumlegierung oder aus Gold oder Silber, einer Gold oder Silberlegierung ist. Dies hat den Vorzug einer höheren Leitfähigkeit, indem die Flussgeschwindigkeit erhöht wird. .

Weiter von Vorteil ist, wenn die Folie eine Dicke von 0,01 mm bis 4 mm, vorzugsweise von 0,01 mm bis 1 mm, besonders vorzugsweise 0,05 mm - 1 mm aufweist.

Weiter kann die Beschichtung ca. 10% bis 80% Silizium, vorzugsweise 10% bis 50% Silizium, besonders vorzugsweise 25% Silizium, aufweisen.

Ebenfalls kann die Beschichtung 20% bis 90% Graphen, vorzugsweise 50% bis 90% Graphen, besonders vorzugsweise 75% Graphen, aufweisen.

Weiter von Vorteil ist, wenn die Beschichtung organische oder anorganische Klebebestandteile aufweist. Auch andere gängige Verbindungsverfahren außer Kleben beispielsweise auch durch Auftragen sind vorteilhaft.

Die Beschichtung kann in einzelnen geschichteten Substanzen erfolgen oder anhand einer Mischung. Besonders vorteilhaft ist, wenn die nanotechnologisch aufbereiteten Substanzen einzeln geschichtete werden, da damit eine höhere Effizienz entsteht, das heißt mehr Strom produziert wird.

Besonders vorteilhaft ist, wenn die Beschichtung eine Nanobeschichtung ist, in der Graphen und Silizium als Nanopartikel vorliegen. Hierbei sollten die Partikel des

WO 2016/142056 **PCT/EP2016/000410**

Die Folie kann unter der Erde und im Wasser verwendet werden und funktioniert besser bei Nacht als bei Tage.

Ein zweiter Aspekt der Erfindung betrifft ein Verfahren zum Herstellen einer Folie aus einem Metall oder einer Metalllegierung insbesondere einer erfindungsgemäßen Folie wobei in einem ersten Schritt eine Siliziumschicht auf die Folie aufgetragen wird, insbesondere durch Sprühen oder Dampfen, in einem zweiten Schritt die Siliziumschicht gehärtet, getrocknet und mit flüssigen Stickstoff gespült wird, in einem dritten Schritt eine Graphenschicht auf die Folie aufgetragen wird und in einem vierten Schritt die Graphenschicht gehärtet, getrocknet und mit flüssigem Stickstoff gespült wird.

Vorteilhafterweise kann in einem weiteren Schritt Germanium, Selen, Kupferoxidal, Tellur, Tantal, Niob, Molybdän und/ oder Antimon aufgetragen werden.

In einem weiteren Schritt kann das Graphen dotiert werden, insbesondere mit Ferroniobium, Nickelniobium, Yttrium oder Samariumoxid insbesondere durch Ionenimplantation oder durch Neutronen-Transmutationsdotierung.

Ein dritter Aspekt der Erfindung betrifft ein Verfahren zum Herstellen einer Folie aus Aluminium oder einer Aluminiumlegierung, wobei in einem ersten Schritt Graphen und Silizium pulverisiert und vermischt werden und in einem zweiten Schritt das pulverisierte Graphen und Silizium auf die Folie aufgebracht werden.

Ein vierter Aspekt der Erfindung betrifft ein Verfahren zum Herstellen einer Folie aus Aluminium oder einer Aluminiumlegierung, insbesondere zum Herstellen einer erfindungsgemäßen Folie, wobei in einem ersten Schritt Graphen und Silizium pulverisiert und vermischt werden und in einem zweiten Schritt eine Klebeschicht auf die Folie aufgebracht wird und in einem dritten Schritt das pulverisierte Graphen und Silizium auf die Klebeschicht aufgebracht werden. Auch andere gängige Verbindungsverfahren außer Kleben beispielsweise auch durch Auftragen sind vorteilhaft.

Ein fünfter Aspekt der Erfindung betrifft ein Verfahren zum Herstellen einer Folie aus Aluminium oder einer Aluminiumlegierung, insbesondere zum Herstellen einer erfindungsgemäßen Folie, wobei in einem ersten Schritt Graphen und Silizium pulverisiert und vermischt werden und in einem zweiten Schritt ein Kleber mit

WO 2016/142056 PCT/EP2016/000410

5

Silizium- und Graphenpulver vermischt wird und in einem dritten Schritt die Mischung auf die Folie aufgebracht oder mit der Folie fest verbunden wird. Auch andere gängige Verbindungsverfahren außer Kleben beispielsweise auch durch Auftragen sind vorteilhaft.

Ein sechster Aspekt der Erfindung betrifft ein Verfahren zum Herstellen einer Folie aus Aluminium oder einer Aluminiumlegierung, insbesondere zum Herstellen einer erfindungsgemäßen Folie, wobei in einem ersten Schritt eine Klebeschicht auf die Folie aufgebracht wird und in einem zweiten Schritt eine Graphen- und /oder Siliziumschicht aufgebracht wird und in einem dritten Schritt eine zweite Klebeschicht auf die Folie aufgebracht wird und in einem vierten Schritt eine weitere Silizium- und/oder Graphenschicht auf die Folie aufgebracht wird. Auch andere gängige Verbindungsverfahren außer Kleben beispielsweise auch durch Auftragen sind vorteilhaft.

Ein siebter Aspekt der Erfindung betrifft eine Verwendung einer erfindungsgemäßen Folie zur Gewinnung von Gleichstrom aus nicht sichtbarer Sonnenenergie.

Die Funktionsweise kann zusammenfassend wie folgt beschrieben werden:

Die Natur hat relativ „weitmaschige" Moleküle, sodass die Neutrinos auf Grund der geringen Masse durchfliegen. Sowohl die Atome in den Molekülen als auch die Moleküle in der Stoff-Struktur müssen so eng „gepackt" werden, dass ein Teil der Neutrinos nicht ohne Berührung der Teilchen durchfliegen kann.

Die Folienoberfläche weist daher nanotechnologisch bearbeitet Strukturen auf, sodass analog einer mechanischen Pendelkette sich die Moleküle gegenseitig anstoßen und somit aus der Masse und der Bewegungsenergie ein Molekülfluss und Stromfluss entsteht (sog. Gitterführungseffekt).

Dies ist analog zu einem Stromfluss in einer Leitung zu verstehen: durch Magnet und Spule werden die Moleküle im Generator in Bewegung gesetzt und so können wir die Elektrizität nutzen.

Die Erfindung wird nachfolgend anhand eines Ausführungsbeispiels näher erläutert.

WO 2016/142056 PCT/EP2016/000410

6

Graphen und Silizium werden in einem Mörser zerstoßen oder anderweitig pulverisiert (bis Nanogröße). Auf eine handelsübliche Aluminiumfolie wird eine organische Klebeschicht aufgetragen. Auf diese wird das Silizium- und Graphenpulver aufgebracht. So entsteht eine Folie aus Aluminium mit einer Beschichtung mit einer Dicke von 0,1 mm oder darunter. Das Verhältnis der Bestandteile Graphen und Silizium in der Beschichtung der Folie ist ca. 75% Graphen und 25% Silizium.

WO 2016/142056 PCT/EP2016/000410

Patentansprüche

1. Folie aus Metall oder einer Metalllegierung, dadurch gekennzeichnet, dass die Folie eine Beschichtung aufweist, die Graphen und Silizium aufweist.

2. Folie nach Anspruch 1, dadurch gekennzeichnet, dass die Folie aus Silber, Gold, Kupfer, Gallium oder Aluminium oder einer ihrer Legierungen, insbesondere aus einer Silber- oder Goldlegierung oder einer Aluminium-Gallium-Legierung ist.

3. Folie nach Anspruch 1 oder 2, dadurch gekennzeichnet, dass die Folie eine Dicke von 0,01 mm bis 4 mm, vorzugsweise von 0,01 mm bis 1 mm, aufweist.

4. Folie nach einem der Ansprüche 1 bis 3, dadurch gekennzeichnet, dass die Beschichtung 10% bis 80% Silizium, vorzugsweise 10% bis 50% Silizium, besonders vorzugsweise 25% Silizium, aufweist.

5. Folie nach einem der vorhergehenden Ansprüche, dadurch gekennzeichnet, dass die Beschichtung 20% bis 90% Graphen, vorzugsweise 50% bis 90% Graphen, besonders vorzugsweise 75% Graphen, aufweist.

6. Folie nach einem der vorhergehenden Ansprüche, dadurch gekennzeichnet, dass die Beschichtung organisch oder anorganische Klebebestandteile aufweist.

7. Folie nach einem der vorhergehenden Ansprüche, dadurch gekennzeichnet, dass die Beschichtung eine Nanobeschichtung ist, in der Graphen und Silizium als Nanopartikel vorliegen.

8. Folie nach Anspruch 7, dadurch gekennzeichnet, dass die Partikel des Siliziums eine Grösse vom 5 nm bis 500 nm insbesondere 5 nm aufweisen und die Partikel des Graphens eine Größe von 20 nm bis 500 nm insbesondere 20 nm aufweisen.

9. Folie nach einem der vorhergehenden Ansprüche, dadurch gekennzeichnet, dass die Beschichtung wechselweise Schichten auf wechselweise Silizium und Graphen aufweist, insbesondere 10 bis 20 Silizium-Graphen Schichten insbesondere 12 Silizium-Graphen Schichten.

WO 2016/142056 **PCT/EP2016/000410**

10. Folie nach einem der vorhergehenden Ansprüche, dadurch gekennzeichnet, dass die Beschichtung Germanium, Selen, Kupferoxidal, Tellur, Tantal, Niob, Molybdän und/oder Antimon aufweist.

11. Folie nach einem der vorhergehenden Ansprüche, dadurch gekennzeichnet, dass das Graphen dotiert ist, insbesondere mit Ferroniobium, Nickelniobium, Yttrium oder Samariumoxid.

12. Verfahren zum Herstellen einer Folie aus einem Metall oder einer Metalllegierung, insbesondere nach einem der Ansprüche 1 bis 11, dadurch gekennzeichnet, dass
in einem ersten Schritt eine Siliziumschicht auf die Folie aufgetragen wird, insbesondere durch Sprühen oder Dampfen
in einem zweiten Schritt die Siliziumschicht gehärtet, getrocknet und mit flüssigen Stickstoff gespült wird,
in einem dritten Schritt eine Graphenschicht auf die Folie aufgetragen wird,
in einem vierten Schritt die Graphenschicht gehärtet, getrocknet und mit flüssigen Stickstoff gespült wird.

13. Verfahren zum Herstellen einer Folie aus Aluminium oder einer Aluminiumlegierung nach Anspruch 11, dadurch gekennzeichnet, dass
in einem weiteren Schritt Germanium, Selen, Kupferoxidal, Tellur, Tantal, Niob, Molybdän und /oder Antimon aufgetragen wird.

14. Verfahren zum Herstellen einer Folie aus Aluminium oder einer Aluminiumlegierung nach Anspruch 11 oder 12, dadurch gekennzeichnet, dass
in einem weiteren Schritt das Graphen dotiert wird, insbesondere mit Ferroniobium, Nickelniobium, Yttrium oder Samariumoxid insbesondere durch Ionenimplantation oder durch Neutronen-Transmutationsdotierung.

15. Verwendung einer Folie nach einem der Ansprüche 1 bis 11 zur Gewinnung von Gleichstrom aus nicht sichtbarer Sonnenenergie.

INTERNATIONAL SEARCH REPORT

International application No
PCT/EP2016/000410

A. CLASSIFICATION OF SUBJECT MATTER
INV. G01T1/00
ADD.

According to International Patent Classification (IPC) orto both national Classification and IPC

B. FIELDS SEARCHED

Minimum documentation searched (Classification System followed by Classification Symbols)
G01T

Documentation searched other than minimum documentation to the extent that such documents are included in the fields searched

Electronic data base consulted during the international search (name of data base and, where practicable, search terms used)
EPO-Internal , WPI Data

C. DOCUMENTS CONSIDERED TO BE RELEVANT

Category*	Citation of document, with indication, where appropriate, of the relevant passages	Relevant to Claim No.
X	XIN SU ET AL: "Silicon-Based Nanomaterials for Lithium-Ion Batteries: A Review", ADVANCED ENERGY MATERIALS, vol. 4, no. 1, 1 January 2014 (2014-01-01), pages n/a-n/a, XP055159251, ISSN: 1614-6832, DOI: 10.1002/aenm.201300882 abstract page 4 - page 5 -----	1-5, 7, 8, 10, 11, 15
X	CN 103 515 604 A (OCEANS KING LIGHTING SCIENCE) 15 January 2014 (2014-01-15) abstract Paragraph [0055] -----	1-8, 10, 11, 15
	-/-	

[X] Further documents are listed in the continuation of Box C.

[X] See patent family annex.

* Special categories of cited documents :

"A" document defining the general State of the art which is not considered to be of particular relevance
"E" earlier application or patent but published on or after the international filing date
"L" document which may throw doubts on priority claim(s) or which is cited to establish the publication date of another citation or other special reason (as specified)
"O" document referring to an oral disclosure, use, exhibition or other means
"P" document published prior to the international filing date but later than the priority date claimed

"T" later document published after the international filing date or priority date and not in conflict with the application but cited to understand the principle ortheory underlying the invention
"X" document of particular relevance; the claimed invention cannot be considered novel or cannot be considered to involve an inventive step when the document is taken alone
"Y" document of particular relevance; the claimed invention cannot be considered to involve an inventive step when the document is combined with one or more other such documents, such combination being obvious to a person skilled in the art
"&" document member of the same patent family

Date of the actual completion of the international search	Date of mailing of the international search report
12 July 2016	21/07/2016
Name and mailing address of the ISA/ European Patent Office, P.B. 5818 Patentlaan 2 NL - 2280 HV Rijswijk Tel. (+31-70) 340-2040, Fax: (+31-70) 340-3016	Authorized officer Eberle, Katja

Form PCT/ISA/210 (second sheet) (April 2005)

page 1 of 2

INTERNATIONAL SEARCH REPORT

International application No
PCT/EP2016/000410

C(Continuation). DOCUMENTS CONSIDERED TO BE RELEVANT

Category*	Citation of document, with indication, where appropriate, of the relevant passages	Relevant to Claim No.
X	CN 103 035 889 A (OCEANS KING LIGHTING SCIENCE) 10 April 2013 (2013-04-10) abstract Paragraph [0048] -----	1-5,7,8, 10,11,15
X	US 2015/004494 A1 (TATSUHIRO MORI [TW] ET AL) 1 January 2015 (2015-01-01) Paragraph [0008] - paragraph [0009] abstract -----	1-5,7-15

Form PCT/ISA/210 (continuation of second sheet) (April 2005)

page 2 of 2

INTERNATIONAL SEARCH REPORT

Information on patent family members

International application No

PCT/EP2016/000410

Patent document cited in search report	Publication date	Patent family member(s)	Publication date
CN 103515604 A	15-01-2014	NONE	
CN 103035889 A	10-04-2013	NONE	
US 2015004494 A1	01-01-2015	CN 104253266 A	31-12-2014
		TW 201500568 A	01-01-2015
		US 2015004494 A1	01-01-2015

Form PCT/ISA/210 (patent family annex) (April 2005)

INTERNATIONALER RECHERCHENBERICHT

Internationales Aktenzeichen
PCT/EP2016/000410

A. KLASSIFIZIERUNG DES ANMELDUNGSGEGENSTANDES
INV. G01T1/00
ADD.

Nach der Internationalen Patentklassifikation (IPC) oder nach der nationalen Klassifikation und der IPC

B. RECHERCHIERTE GEBIETE

Recherchierter MindestprUfstoff (Klassifikationssystem und Klassifikationssymbole)
G01T

Recherchierte, aber nicht zum MindestprUfstoff gehörende Veröffentlichungen, soweit diese unter die recherchierten Gebiete fallen

Während der internationalen Recherche konsultierte elektronische Datenbank (Name der Datenbank und evtl. verwendete Suchbegriffe)

EPO-Internal , WPI Data

C. ALS WESENTLICH ANGESEHENE UNTERLAGEN

Kategorie*	Bezeichnung der Veröffentlichung, soweit erforderlich unter Angabe der in Betracht kommenden Teile	Betr. Anspruch Nr.
X	XIN SU ET AL: "Si 1i con-Based Nanomateri al s for Li thi um-Ion Batteri es: A Revi ew", ADVANCED ENERGY MATERIALS, Bd. 4, Nr. 1, 1. Januar 2014 (2014-01-01) , Sei ten n/a-n/a, XP055159251, ISSN: 1614-6832, DOI: 10. 1002/aenm. 201300882 Zusammenfassung Sei te 4 - Sei te 5 -----	1-5 ,7,8, 10, 11, 15
X	CN 103 515 604 A (OCEANS KING LIGHTING SCI ENCE) 15. Januar 2014 (2014-01-15) Zusammenfassung Absatz [0055] -----	1-8, 10, 11, 15

-/-

[X] Weitere Veröffentlichungen sind der Fortsetzung von Feld C zu entnehmen [X] Siehe Anhang Patentfamilie

* Besondere Kategorien von angegebenen Veröffentlichungen :

"A" Veröffentlichung, die den allgemeinen Stand der Technik definiert, aber nicht als besonders bedeutsam anzusehen ist

"E" frühere Anmeldung oder Patent, die bzw. das jedoch erst am oder nach dem internationalen Anmeldedatum veröffentlicht worden ist

"L" Veröffentlichung, die geeignet ist, einen Prioritätsanspruch zweifelhaft erscheinen zu lassen, oder durch die das Veröffentlichungsdatum einer anderen im Recherchenbericht genannten Veröffentlichung belegt werden soll oder die aus einem anderen besonderen Grund angegeben ist (wie ausgeführt)

"O" Veröffentlichung, die sich auf eine mündliche Offenbarung, eine Benutzung, eine Ausstellung oder andere Maßnahmen bezieht

"P" Veröffentlichung, die vor dem internationalen Anmeldedatum, aber nach dem beanspruchten Prioritätsdatum veröffentlicht worden ist

"T" Spätere Veröffentlichung, die nach dem internationalen Anmeldedatum oder dem Prioritätsdatum veröffentlicht worden ist und mit der Anmeldung nicht kollidiert, sondern nur zum Verständnis des der Erfindung zugrundeliegenden Prinzips oder der ihr zugrundeliegenden Theorie angegeben ist

"X" Veröffentlichung von besonderer Bedeutung; die beanspruchte Erfindung kann allein aufgrund dieser Veröffentlichung nicht als neu oder auf erfinderischer Tätigkeit beruhend betrachtet werden

"Y" Veröffentlichung von besonderer Bedeutung; die beanspruchte Erfindung kann nicht als auf erfinderischer Tätigkeit beruhend betrachtet werden, wenn die Veröffentlichung mit einer oder mehreren Veröffentlichungen dieser Kategorie in Verbindung gebracht wird und diese Verbindung für einen Fachmann naheliegend ist

"&" Veröffentlichung, die Mitglied derselben Patentfamilie ist

Datum des Abschlusses der internationalen Recherche	Absendedatum des internationalen Recherchenberichts
12. Juli 2016	21/07/2016
Name und Postanschrift der Internationalen Recherchenbehörde Europäisches Patentamt, P.B. 5818 Patentlaan 2 NL - 2280 HV Rijswijk Tel. (+31-70) 340-2040, Fax: (+31-70) 340-3016	Bevollmächtigter Bediensteter Eberl e, Katja

Formblatt PCT/ISA/210 (Blatt 2) (April 2005)

Sei te 1 von 2

INTERNATIONALER RECHERCHENBERICHT

Internationales Aktenzeichen
PCT/EP2016/000410

C. (Fortsetzung) ALS WESENTLICH ANGESEHENE UNTERLAGEN

Kategorie*	Bezeichnung der Veröffentlichung, soweit erforderlich unter Angabe der in Betracht kommenden Teile	Betr. Anspruch Nr.
X	CN 103 035 889 A (OCEANS KING LIGHTING SCIENCE) 10. April 2013 (2013-04-10) Zusammenfassung Absatz [0048] -----	1-5,7,8, 10,11,15
X	US 2015/004494 A1 (TATSUHIRO MORI [TW] ET AL) 1. Januar 2015 (2015-01-01) Absatz [0008] - Absatz [0009] Zusammenfassung -----	1-5,7-15

Formblatt PCT/ISA/210 (Fortsetzung von Blatt 2) (April 2005)

Seite 2 von 2

INTERNATIONALER RECHERCHENBERICHT

Angaben zu Veröffentlichungen, die zur selben Patentfamilie gehören

Internationales Aktenzeichen
PCT/EP2016/000410

Im Recherchenbericht angeführtes Patentdokument		Datum der Veröffentlichung	Mitglied(er) der Patentfamilie			Datum der Veröffentlichung
CN 103515604	A	15-01-2014	KEINE			
CN 103035889	A	10-04-2013	KEINE			
US 2015004494	AI	01-01-2015	CN	104253266	A	31-12-2014
			TW	201500568	A	01-01-2015
			US	2015004494	AI	01-01-2015

Formblatt PCT/ISA/210 (Anhang Patentfamilie) (April 2005)

7.3. Verzeichnis des wissenschaftlichen Beirates

GP Erwin Wolski (Chairman)

Prof. Dr.-Ing. Konstantin Meyl (Deputy Chairman)
Dr. Hans Wilhelm Koch (Deputy Chairman)
Prof. Dr. R. Strauss (Deputy Chairman)
Prof. Dr.-Ing. habil Günther Krause
Samuel Rosen (Deputy Chairman)
Dr. Vijay Pandurang Bhatkar
Prof. Dr. Xi Wu (Deputy Chairman)

Prof. Dr. Frank Müller
Prof. Dr. A. Khan
Prof. Dr. Douglas
Prof. Dr. Dr. Dr. Josef Gruber
Dr. Vladimir Lunin
Dr. Leonid Rumyantsev
Dipl.-Ing. Markus Schneider
David Abramson
Prof. Le Wang
MinR iR Mag. Gernot Spanninger
Dr. Thorsten Ludwig
Prof. Dr. Vojislav V. Mitić
Werner & Jack
Teresita T. Chism
Dr. Mosaraf Ali
Prof. Murdoch
Mijo (Milan) Ljubicic
Skenderbeg Klaiqi

Ufuk Sevinc
Luca Marcante
Prof. D. Smith
Karl Paschek
Bernard Hiller
Dipl.-Ing. Rainer J. Zenker
Dr.-Ing. Yavuz M. Dedegil
Dr. phil. Karl Zechmeister
Dr. Frank Meyer-K.
Dr. Dr. J. Becker
Prof. Dr.-Ing. Jan Capjon
Prof. Dr. B. Adam
Dr.-Ing. habil Lutz Rothe
Prof. K. Lauterbach
Dr. Dr.-Ing. F. Gallo
Nina Karle-Karelina Davydovna
Prof. Dr. Takahashi Haruto
Guddi Geiger
Yashwant Patil
Prof. Dr. P. Collins
Prof. F. Hutchinson
CMM Dr. Alexandre Pereira
Klaus Heller
Günter Dittebrand
Dr. David Reichenbacher
Dipl.-Betriebswirt Markus Kusterer
Prof. J. Rothschild
William Spencer
Prof. Dr. A. Christos
Phil & Peter Maria
Dr. B. Iwanischwilli

Prof. N. Bennett
Dr. Dr. Gennadi Fjodorov
Dipl.-Ing. Li Qiang
Prof. G. Singer
Dr. B. Schubert
Prof. J. Annaud
Prof. I. Ramon
Georg Hard
Franz Xaver Bruckmayer
Prof. R. Powell
Dr. A. Luck
Prof. Dr. Dr. Chr. Canalis
Prof. A. J. de San Miguel
Anna-Sophia Gräfin von Schwerin
Prof. P. Raphael
Prof. Dr. U. Schleicher
Dirk H. Schadach
Dr. Etienne Simpson
Peter E. Boos
Prof. Dr. B. Bischoff
Prof. V. R. Darabash
Prof. Dr. A. Takaito
Dr. A. Bárány
Prof. Dr.-Ing. W. Gabriel
Prof. Dr. A. Prenner
Prof. M. Parroni
Thomas Leonhardt
Prof. E. Mitchell
Prof. Dr. L. Bokova
Prof. Dr. C. Clauss
Florian Herzog

Stefan Hackländer
Lisa Bouikidou
Dipl.-Ing. Peter Klocke
Dipl.-Physiker Sigwart Zeidler
Greta Thunberg (Honorary Member)

8. Stichwortverzeichnis

AdBlue Technologie
71-74
Atome / Atomkraft
14, 54, 58, 62-65, 68, 79, 82, 87, 97-99, 108, 110, 111, 114, 118, 123, 124, 128, 132, 139, 188, 190
Beschichtung/Versiegelung
46, 50, 51, 53, 65, 92, 94, 100, 104, 105, 112, 122, 123, 132, 134, 135, 140-145, 154, 155, 162, 203
Computer
115, 135-138, 180
Elektromobilität
57, 67, 80, 113, 131, 160-162, 164, 167, 179, 187
Energieerzeugung
13, 14, 32, 34, 44, 56, 58, 67, 122, 128, 149, 190, 195, 196
Energie-/Strompreise
40-44
Erneuerbare Energien
15, 36, 38, 56, 60, 62, 65, 67, 80, 82, 90, 108, 128, 129, 151-153, 183
Generator
32, 34, 101, 102, 110, 134
Geometrie
123, 124
Graphen
51, 62, 63-65, 90-92, 97, 98, 103, 109, 111, 114, 118, 122-124, 132, 155, 202, 204-208

Interaktion

65, 87, 89, 91, 93, 97, 98, 104, 105, 123, 138

Katalysator

16,18, 70, 74

Klima

13, 15, 25, 27, 29, 30, 49, 55, 56, 60, 63, 67, 69, 79, 82, 83, 87, 118, 119, 128, 151, 160, 162, 179, 180, 181, 184

Kraftwerke

32-34, 38, 46, 52, 53, 59, 61, 62, 91, 94, 104, 112, 113, 130, 133, 151, 152, 154-157, 182, 184-186

Masse

27, 53, 84, 85, 89, 91, 95, 96-99, 107-109, 116, 126, 129

Metallischen Träger

46, 50, 51, 53, 65, 66, 90, 92-94, 101, 103-105, 109, 112, 116, 118, 124, 125, 131, 133

Metastoffe

87, 111, 114, 124

Mobilfunk/Handy

130, 148, 172

Module/Cube´s/Pakete

50-53, 92-94, 103-105, 112, 131, 135, 139, 140, 143, 148, 150, 151, 155, 163, 184

Neutrino

24-27, 45, 46, 53, 54, 62-66, 82-85, 87, 88, 91-93, 95, 96-99, 101, 103-105, 107-112, 114-117, 122-124, 126-134, 139-141, 147, 149, 151, 154, 157, 158, 162, 163, 169-171, 182, 188, 191, 192, 197, 198, 202, 205

Neutrinovoltaik®

45, 46, 54, 55, 76, 82, 83, 86, 91, 93, 100, 101, 103, 105, 107, 110, 116, 118, 123, 125-127, 131, 139, 145, 149, 152, 162, 164, 166, 180, 181, 183, 184, 187, 190, 192

neutrino® smart network
169, 170
Notarurkunde
14, 100, 103, 105, 107, 118, 193
Ozonloch
19, 20, 61, 167
Patent
15, 46, 99, 100, 105, 111, 126, 144, 178
Photovoltaik
34, 80, 91, 93, 100, 101, 103-105, 110, 139
Photonen
91, 105, 110
PI-Technologie
164
Pyrolyse
75-77, 154-157
Prof. Dr. Arthur McDonald, Physiknobelpreisträger
85, 95, 96, 99, 109, 126
Prof. Dr.-Ing. Konstantin Meyl
127, 192, 215
Resonanz
49, 92, 101, 103, 111, 116, 118, 119, 120, 121, 123-125, 136
Saurer Wald/Regen
16, 17
Silizium
46, 51, 64, 90, 91, 103, 109, 111, 114-116, 118, 122-125, 132-134, 144, 155, 203-208
Strahlung
13-15, 19, 21, 23, 30, 34, 44-46, 49, 54, 55, 58, 61, 65-69, 76, 80-83, 84-87, 89-91, 96, 97, 100, 103, 104, 108-

111, 113, 122, 125-127, 129, 130, 132, 148, 149, 151, 160, 162-165, 167, 168, 179, 183-185, 188-190

Universität Chicago

98, 99, 108

Universum

25-27, 29, 30, 82, 126, 183

Versorgungsstabilität

38, 81

Wetter

25, 37

Windkraft

32, 36, 110

Unser Angebot für Sie als Käufer dieses Buches

Jede Entdeckung, jede Wissenschaft lebt von Veränderung, technologisch wie auch geistig. Auch die in diesem Buch beschriebene neue und innovative Technologie der Energiegewinnung aus kosmischer Strahlung wird sich auch einer Weiterentwicklung stellen müssen und werden. Der Inhalt dieses Buches ist und kann eben nur eine Momentaufnahme des aktuellen Wissensstandes über diese bahnbrechende Technologie sein.

Deshalb bieten wir Ihnen als Käufer dieses Buches an, über weitere Erkenntnisse und Neuigkeiten zu dieser innovativen Technologie informiert zu werden.

Sie müssen uns dafür nur Ihre E-Mail-Adresse und Ihr Einverständnis geben. Wir haben auf unserer Homepage auf der Produktseite des Buches „Das ewige Licht", ein Formular dazu hinterlegt, wo Sie Ihre Kontaktdaten und Einwilligung, die Sie natürlich jederzeit widerrufen können, eintragen können.

Zum Formular:
www.weltbuch.com/
das-ewige-licht/
oder scannen Sie einfach nebenstehenden QR-Code ab.

Zum Formular

Unsere Büchertipps zu Wissenschaft und Forschung

Prof. Hans-Werner Sinn
DAS GRÜNE PARADOXON
Plädoyer für eine illusionsfreie Klimapolitik

Die grüne Umweltpolitik ist voller Paradoxien: Windräder verschandeln unsere Landschaft, klimaschonende Atomkraftwerke werden abgeschaltet, der Biosprit in unseren Autos verursacht...

Wiederauflage eines Bestsellers, Buch/Hardcover, 480 Seiten, farbige Abbildungen, Deutsch, ISBN: 978-3-906212-57-9, 08/2020, **19,90 €**

Dr. Dominique Görlitz
DIE ARGONAUTEN DER STEINZEIT
Auf der Suche nach dem Eisen der Pharaonen

Das Buch stellt die neuesten Forschungsergebnisse zum Bau der Großen Pyramide von Gizeh als auch alternative Befunde zur Interpretation der Himmelsscheibe...

Buch/Hardcover, A3, 68 Papp-Seiten, 2,5 kg schwer, 4-farbig, Deutsch, ISBN: 978-3-906212-51-7, 06/2020, **ab 69,90 €**

Herausgeber: Prof. Ingo Kolboom
DIE VERMESSUNG DER NOUVELLE-FRANCE

Historische Land-/Seekarten von Kanada aus dem 17. und 18. Jahrhundert in der Kurfürstlichen Bibliothek zu Dresden

Buch/Hardcover, 26 x 29 cm, 324 Seiten, über 100 Abbildungen, 03/2016, 1. Auflage Deutsch, **34,90 €**